MAX PLUS Ⅱ를 이용한

논리회로 설계실습

변상준 | 이명길 | 김윤호 | 조남형 공저

공감북스

머리말

PLD(Programmable Logic Device)는 제조 후 사용자가 내부 논리 회로의 구조를 변경할 수 있는 집적회로이다. 일반 집적 회로는 대량으로 제조하는 경우 ASIC를 사용하지만 설계하는 데 많은 시간이 들며 조금의 실수도 용납되지 않아 개발자에게 부담이 될 수 있다. 하지만 PLD는 이용자가 직접 디바이스에 프로그램 할 수 있기 때문에 제품의 신속한 시장 투입이 가능하다는 장점을 가지고 있으며 종류로는 PAL, GAL에 대표되는 저집적 PLD와 CPLD(ComplexPLD), FPGA(Filed Programmable GateArray)의 고집적 PLD로 분류된다.

PLD를 이용하여 디지털 논리회로를 설계하기 위한 다양한 방법들이 제시되고 연구되어 오면서 CAD툴을 사용한 PLD 설계방법이 보편화 되고 있다. 특히, 디지털 시스템 설계분야 중 하나인 마이크로프로세서의 응용은 공장 자동화, 각종 산업용 기기의 제어 장치, 각종 통신 회로 설계 등과 같은 분야에 널리 적용되고 있다.

따라서 이번 실습책에서는 디지털 논리회로 설계에서 가장 중요한 개념인 부울 대수적 논리최소화 방법과 도식적 최소화 방법인 카르노 맵을 이용한 논리최소화 과정을 익히고 MAX+PLUS Ⅱ를 사용하여 조합 논리 회로와 순서 논리 회로를 설계하는 방법을 알려주고 이를 PLD 소자로 프로그램 하는 기법을 학생들에게 상세하게 전수하고자 한다.

또한 저자가 강단에서 20년 이상 강의하면서 쌓은 노하우들을 학생들의 수준에 맞는 실습예제들로 개발하여 체계적으로 수록하였다.

디지털 논리회로 설계방법은 설계하고자 하는 논리회로의 동작특성을 진리표를 작성하여 부울식을 추출하고 카르노를 이용한 논리최소화를 수행한 후 이를 회로도로 작성하여 PLD 소자로 구현하는 방법을 실습 할 수 있도록 구성하였다.

제1장에서는 PLD의 개요 및 종류, 그리고 PLD를 이용한 디지털시스템 설계방법 등을 기술하였으며 제2장에서는 MAX+PLUS 설치방법에 대해 초보자도 쉽게 사용할 수 있도록 그림으로 구성하였고 제3장에서는 MAX+PLUS Ⅱ의 사용법에 대해 설명하였다. 제4장에서는 조합논리회로를 설계하기 필요한 진리표 작성법과 논리게이트 종류 및 논리최소화 방법을 설명하였다. 제5장에서는 MAX+PLUS Ⅱ을 이용한 가산기 및 감산기, ALU, 디코더, 2비트 승산기, 코드변환기와 같은 조합논리회로 실습예제들을 제공하였고, 제6장에서는 카운터 설계 위주의 순차논리회로 실습 등을 구성하였다.

2016년 1월 4일

저자 일동 씀

차 례

제 1 장

PLD의 개요

1.1 PLD(Programmable Logic Design)의 개요

PLD는 사용자가 필요로 하는 논리 기능을 직접 만들어 쓸 수 있는 IC로서, 현재 ASIC(Application Specific Integrated Circuit) 등의 내부에 사용되고 있는 PLA(Programmable Logic Array), PAL과 같이 급속히 발전하고 있다. 따라서 PAL(Programmable Array Logic) 시리즈는 디지털 시스템 설계시 1개 이상은 거의 사용하고 있다. 또한 PAL의 연장선에서 GAL 혹은 PEEL 등도 많이 사용되고 있다.

논리 IC는 여러 가지 종류가 있다. TTL, CMOS 로직, ECL등의 회로가 기술상으로 분류한 패밀리 중에는 게이트 IC 혹은 래치(플립플롭), 디코더, 인코더, 카운터, 시프트 레지스터 등 여러 가지의 기능을 갖고 있다. 그래서 IC 제조 회사에서는 이 매뉴얼들이 수 종류가 있어서 사용자가 IC를 사용할 때 참조하도록 하고 있다.

그러나 사용자가 사용하는 이런 회로를 개선하고자 하는 의욕이 크게 변하기 때문에 최근에는 표준 매뉴얼에 만족하지 않는 사람이 점점 많아지게 되었다. 더욱 PCB(Printed Circuit Board)기판을 간단하게 하고 싶다든지, 회로를 남에게 보이고 싶지 않고자 하는 경우도 있다.

이러한 시대에 각광 받고 있는 것이 PLD이다. PLD는 Programmable Logic Device의 약자로서 IC 내부의 배선을 사용자가 프로그램 해서 사용하는 IC이다.

1.2 PLD의 종류

(1) PROM

PROM(Programmable Read Only Memory)은 한 개의 디코더(AND 배열 부분)와 메모리셀(Memory array)의 이차원 배열(OR 배열)로 이루어져 있으며 단 한번 기록이 가능한 PROM이었다. 기록 방식은 퓨즈라는 연결 금속선을 서로 연결시킨 상태로 칩으로 제조한 후, 사용자의 용도에 맞게 퓨즈를 연결 상태로 남겨두거나 끊음으로써 프로그램 된다.

높은 전압을 가했을 때 퓨즈에 흐르는 전류가 어느 특정 값을 초과하게 되어 퓨즈가 끊어지는 특성을 이용한 것으로 프로그램이 되면 더 이상 그 내용을 바꿀 수 없게 된다.

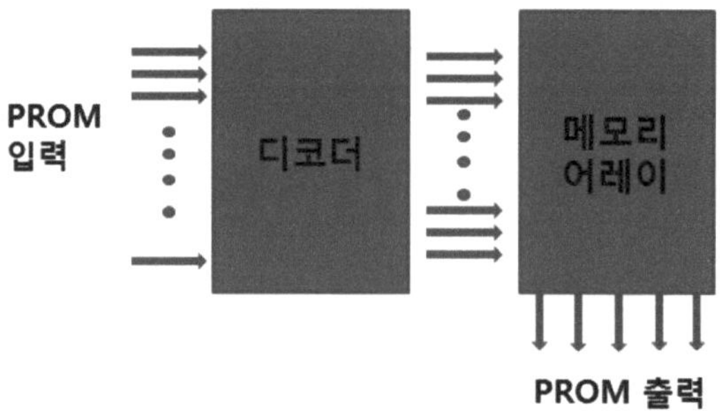

[그림 1.1] PROM의 내부구조

(2) PLA(Programmable Logic Array)

PLA는 AND 배열(Array)과 OR 배열(Array)의 두 구조로 나누어지는데 PROM과 달리 AND 배열은 입력에 관한 어떤 논리곱을 표현할 수 있고, OR 배열은 앞에서 구현된 논리곱들의 논리합을 구현할 수가 있다. 이것은 논리합(Sum of Product)의 구현에 가장 맞는 이상적인 구조이다. 그러나, 이 구조는 두 개의 배열을 통해서 신호가 전달이 되므로 시간의 지연을 가지는 단점을 가지고 있다.

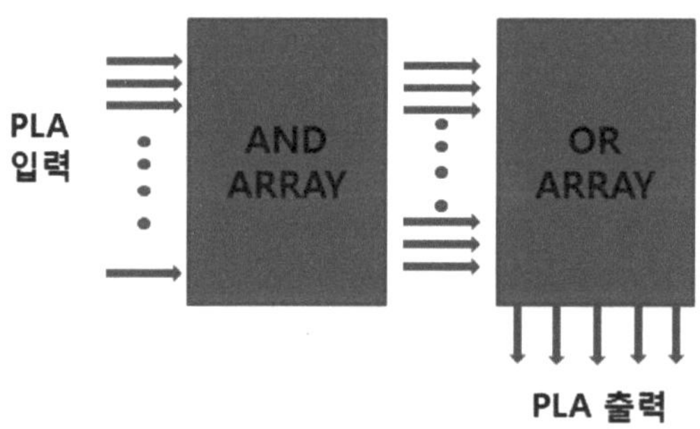

[그림 1.2] PLA의 내부구조

(3) PAL(Programmable Array Logic)

PAL은 PLA의 구조와 비슷하게 이루어져 있다. 그러나 PAL의 구조는 AND 배열 부분을 사용자가 프로그램을 할 수가 있고 OR 배열은 고정되어 있다는 차이점을 가지고 있는데 이 구조는 생산의 비용이 비교적 적게 들고 속도의 성능이 빠른 편이어서 많은 반도체 회사들이 이와 같은 기본 구조와 유사한 프로그램형 소자들을 만들어 내고 있다.

1) PAL의 종류 및 구조

PAL은 외형상 핀의 수에 따라 분류하면 20핀과 24핀이 있으며, 각각의 형번에 대해서는 다음의 규칙을 따른다.

PAL 16 L 8 A —— 계열

입력수 —— 16, 형태(구조) —— L, 출력수 —— 8

계열별 분류는 기호에 따라 다음과 같이 분류된다.

STD : 표준 품종	A-4 : 고속 버전, 1/4 파워
A : 고속 버전	B : 초고속 버전
A-2 : 고속 버전, 1/2파워	B-2 : 초고속 버전, 1/4파워

형태별 PAL 종류와 내부 블록도는 다음과 같다.

① H 형태

H 형태는 정논리 게이트 출력(Active high)의 구조를 가지고 있다. 따라서 H 형태로 회로를 설계할 때는 카르노 맵 상에서 '1'인 부분을 조합하여 부울식을 추출하여야 한다. 종류에는 PAL10H8, PAL12H6, PAL14H4, PAL16H2 등이 있으며 [그림 1.3]은 PAL10H8의 내부구조이다.

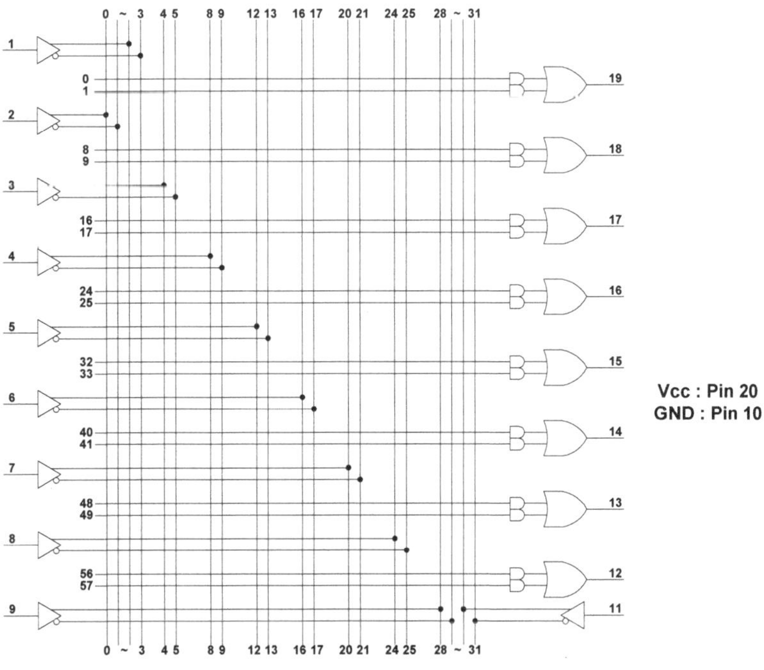

[그림 1.3] PAL10H8의 내부구조

② L 형태

L 형태는 부논리 게이트 출력(Active low)으로 조합 논리 회로(combinational logic circuit)를 구현할 때 가장 많이 쓰이는 PAL 소자 중에 하나로 L 형태의 PAL은 출력핀에 3상 버퍼(Tri-state buffer)가 있다. 따라서 입력에 반대로 출력되므로 회로를 설계할 때는 카르노 맵 상에서 '0'인 부분을 조합하여 부울식을 추출한다. [그림 1.4]는 3상 버퍼의 기능을 나타내었다.

L형태의 종류에는 PAL16L8, PAL12L10, PAL14L8, PAL16L6, PAL18L4, PAL20L8, PAL20L10 등이 있다. [그림 1.5]는 PAL16L8의 내부구조를 나타낸 것이다.

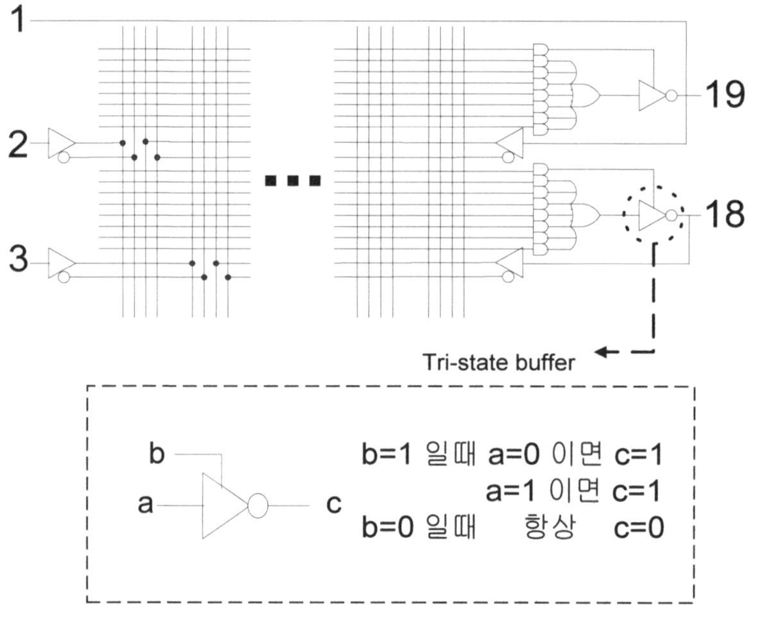

[그림 1.4] 3상 버퍼(Tri–state buffer)

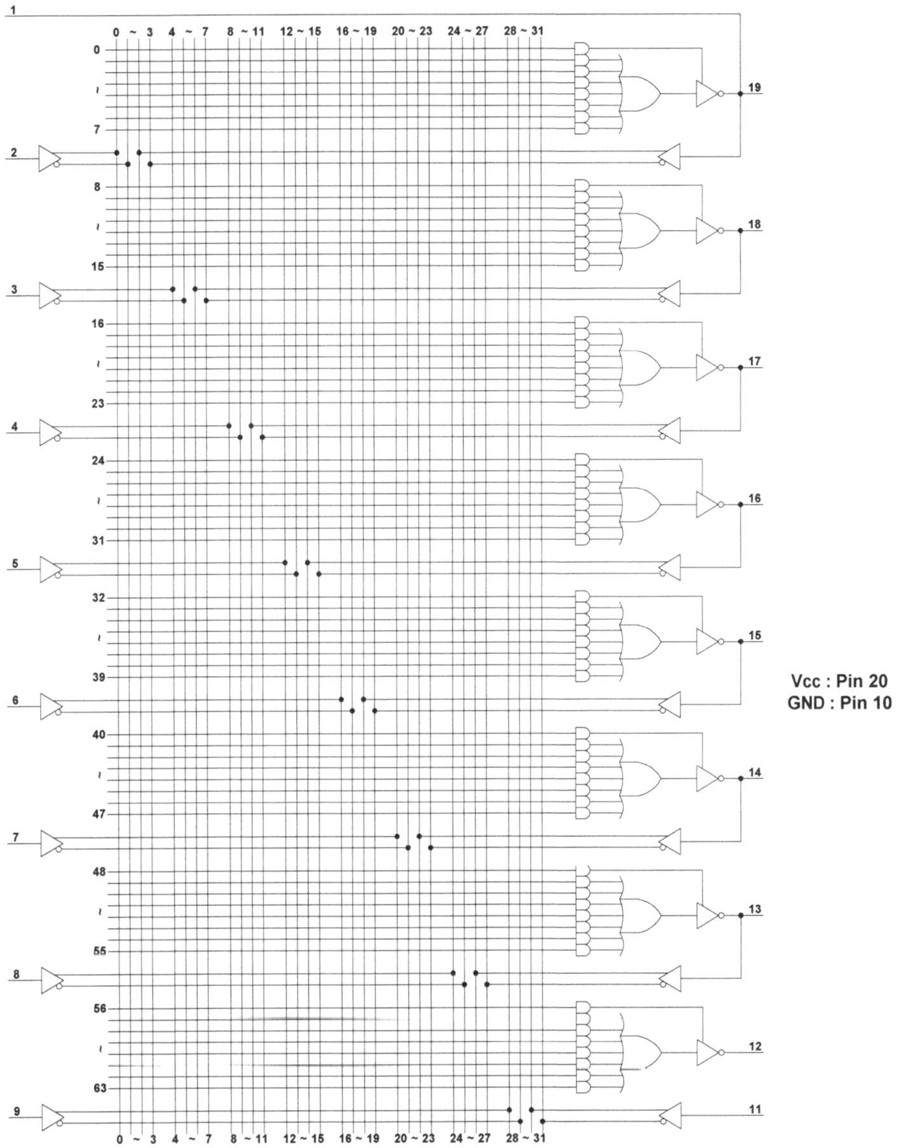

[그림 1.5] PAL16L8의 내부구조

③ R 형태

R 형태는 레지스터 출력(register output) 형태로, 종류에는 20핀의 PAL16R4, PAL16R6, PAL16R8과 24핀의 PAL20R8, PAL20R6, PAL20R4 등이 있으며 [그림 1.6]은 PAL16R4의 내부구조이다. [그림 1.6]에서 설계하고자 하는 회로가 순차회로인 경우에는 1번 핀의 입력으로 clock을 사용한다. 또한 11번 핀은 [그림

1.6]의 14,15,16,17번 핀의 3상 버퍼(Tri-state buffer)를 제어하기 위하여 사용되는 핀으로 핀의 앞단에 INVERT가 있기 때문에 접지(GND)를 하면 출력핀을 항상 enable 시킬 수 있다. 또한 R 형태의 PAL은 L 형태와 같이 출력핀에 3상 버퍼(Tri-state buffer)가 있으므로 입력에 반대로 출력된다.

따라서 회로를 설계할 때는 카르노맵 상에서 '0'인 부분을 조합하여 부울식을 추출한다.

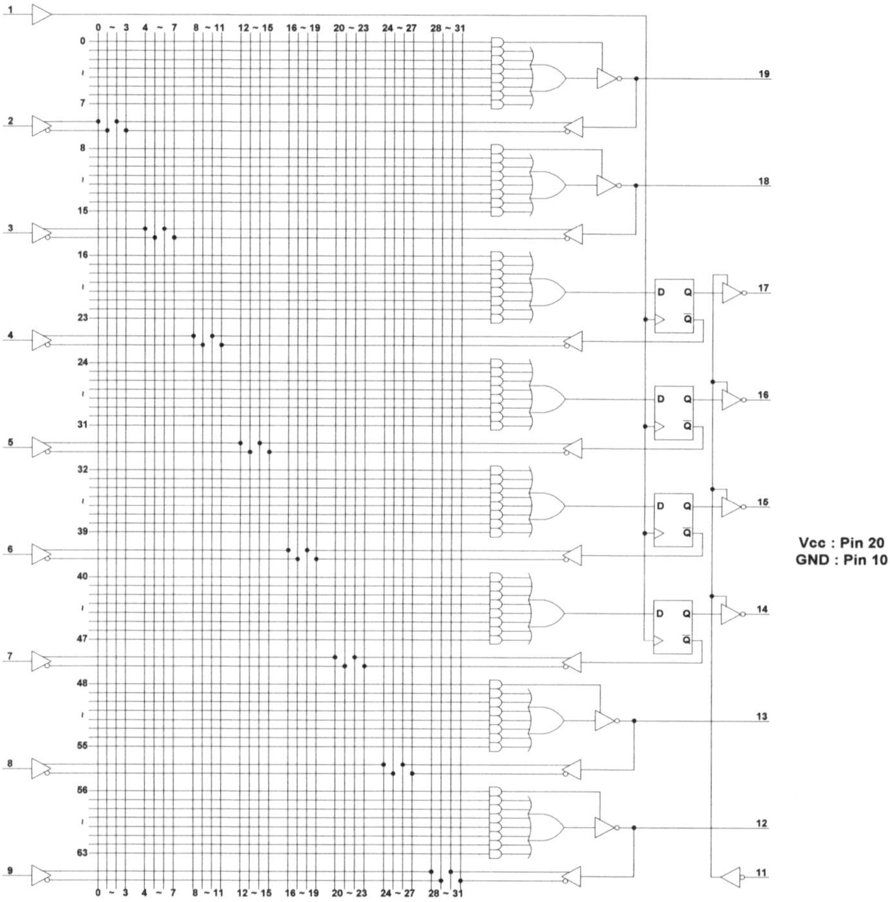

[그림 1.6] PAL16R4의 내부구조

④ X 형태

X 형태는 Ex-OR과 레지스터를 포함한 출력의 형태로, 종류에는 PAL16X4, PAL20X10, PAL20X8, PAL20X4 등이 있다. [그림 1.7]은 PAL16X4의 내부구조이다.

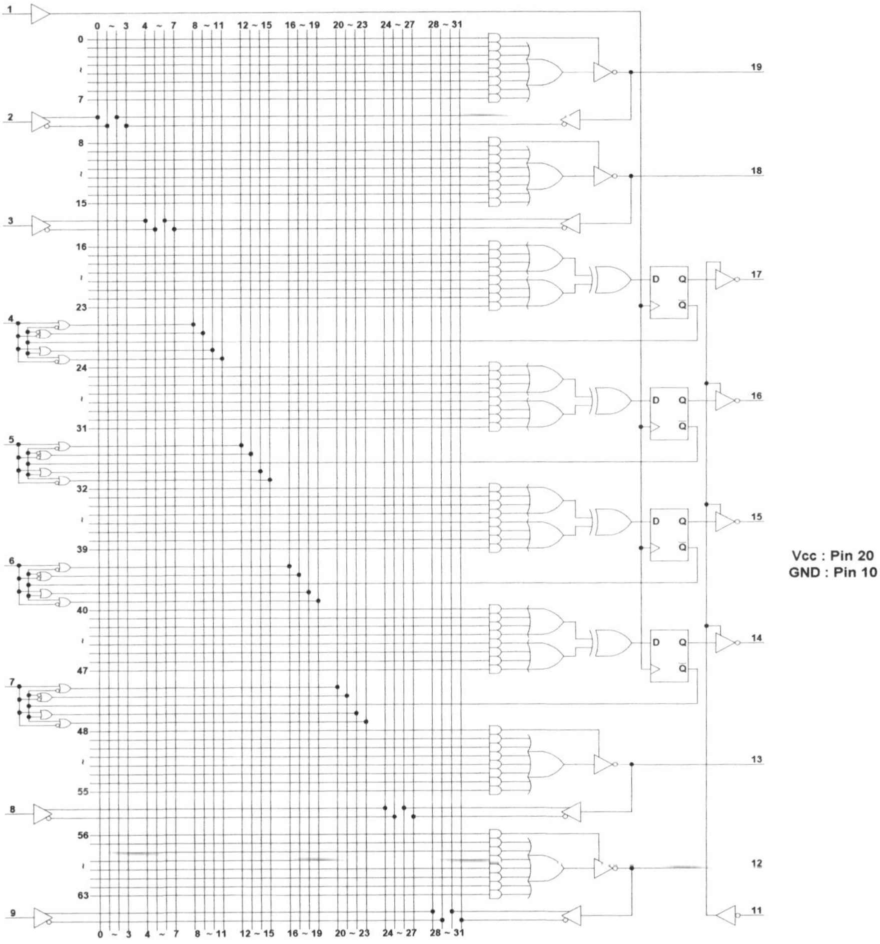

[그림 1.7] PAL16X4의 내부구조

⑤ V 형태

V 형태는 고정된 OR-어레이와 프로그램 가능한 AND-어레이 및 출력단에 OLMC (Output Logic Macro Cell)가 있어 active high와 active low의 게이트 출력 및 레지스터 출력 형태를 각 출력핀마다 지정할 수 있도록 되어 있다. PAL 중 대표적인 예로 PAL22V10이 있으며, GAL로 분류되기도 한다. [그림 1.8]은 PAL22V10의 OLMC 구조를 나타내었다. PAL22V10의 또 다른 특징은 다른 PAL들이 하나의 출력핀이 8개의 OR 텀으로 일정한데 비해, 10개의 출력핀에 대한 OR 텀(term)의 수가 각각 8, 10, 12, 14, 16, 16, 14, 12, 10, 8 bit로 구성되어 있는 점이다.

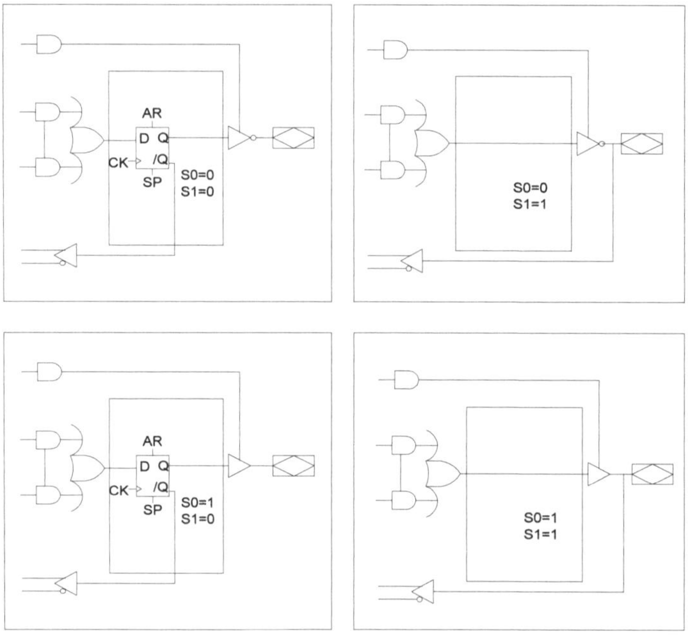

[그림 1.8] PAL22V10의 OLMC 구조

(4) GAL(Generic Array Logic)

GAL은 전기적인 소거, 재기입이 가능하고 PAL의 구조를 가지며, 미국 Lattice Semiconductor사의 PLD이다. 이 소자는 CMOS 로직 디바이스(logic device)로서 PAL이 비트 퓨즈를 용단하는데 비해 전기적으로 소거, 재기입이 가능하다는 특징이 있으며 저소비 전력, 고속성을 겸비한 소자로 출력부는 OLMC로 구성되어 있다.

GAL16V8의 OLMC는 PAL22V10의 OLMC와는 달리 Ex-OR, AC0, AC1, SYN의 4개 fuse를 프로그램 하여 조합 논리 회로의 active high와 active low의 게이트 출력, 레지스터의 active high와 active low 출력 등의 출력 형태를 가질 수 있다. [그림 1.9]는 GAL16V8의 OLMC를 나타내었다. GAL의 종류에는 GAL16V8, GAL20V8이 있으며, GAL과 동일한 기능을 가진 소자로 PEEL(Programmable Electrically Erasable Logic)가 있다. [그림 1.10]은 GAL16V8의 내부구조를 나타낸 것이다.

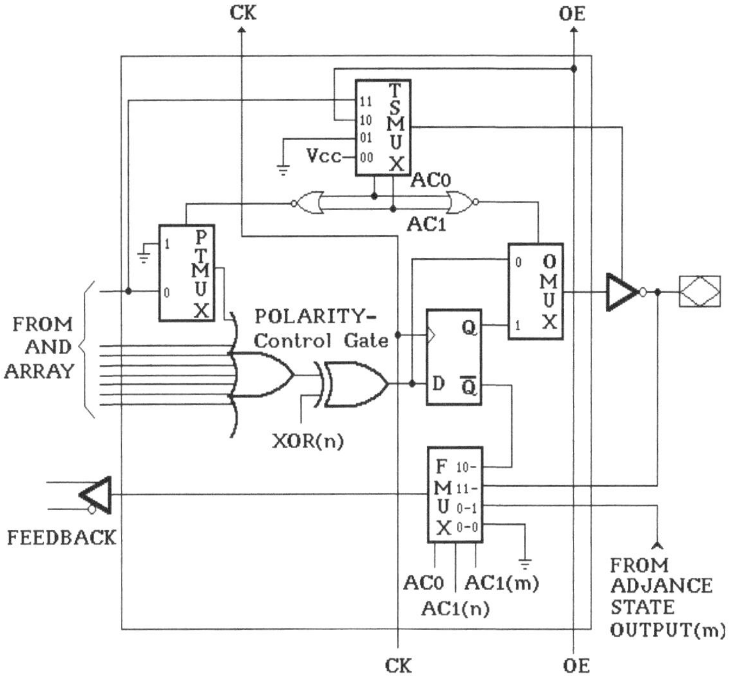

[그림 1.9] GAL16V8의 OLMC 구조

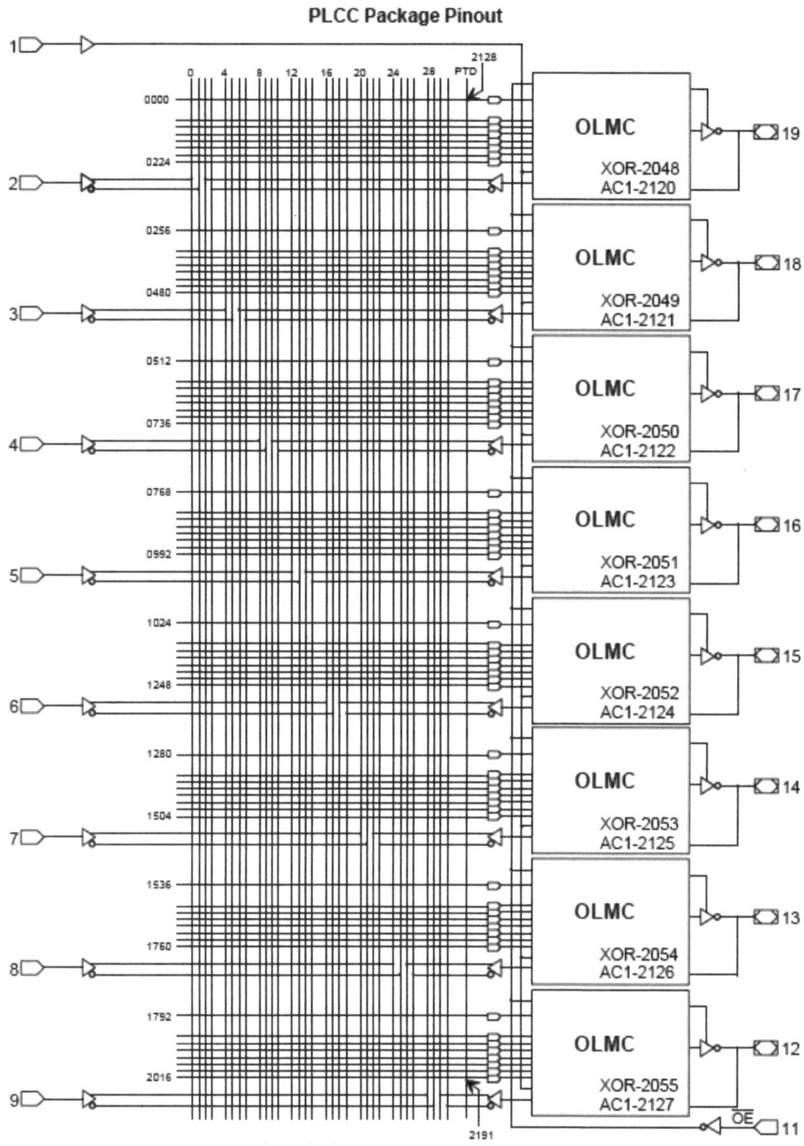

[그림 1.10] GAL16LV8의 내부구조

(5) SPLD(Simple Programmable Logic Device)

SPLD는 PAL과 거의 유사한 구조를 가지고 있는데 사용자가 사용할 수 있는 게이트의 용량은 약 200개 정도가 된. 이것은 CPLD의 기본 구조를 이룬다.

(6) CPLD(Complex Programmable Logic Device)

CPLD는 Altera에서 상업용으로 제품화되어 쓰이고 있으며, 이런한 구조를 보면 메모리와 특별한 로직함수를 구현하기 위해 Embed!ded Array가 있고 이 내부에는 여러 개의 Logic Array Block(LAB)이 있다. 각각의 Logic Array Block은 2,048Bit가 있으며 이것은 RAM, ROM, FIFO, Dual-port RAM등을 구현할 수 있다. 또한 하나의 Logic Array Block 내부에는 8개의 Logic Element(LE)와 Local interconnection으로 구성된다. 이러한 Logic Element에는 8-Bit Counter, Address decoder, State machine과 같은 중규모(Medium size)의 Logic block을 만들 수 있다. 외부와 인터페이스 되는 Pin으로는 I/O Element가 있고 이는 양방향의 I/O Buffer와 전용(Dedicated)의 Pin들로 구성된다.

아울러 CPLD의 구조는 빠른 성능이나 정확한 타이밍의 예측이 필요로 하는 곳에 적합한 구조이며, [그림 1.11]은 CPLD의 LAB의 구조를 나타내었다.

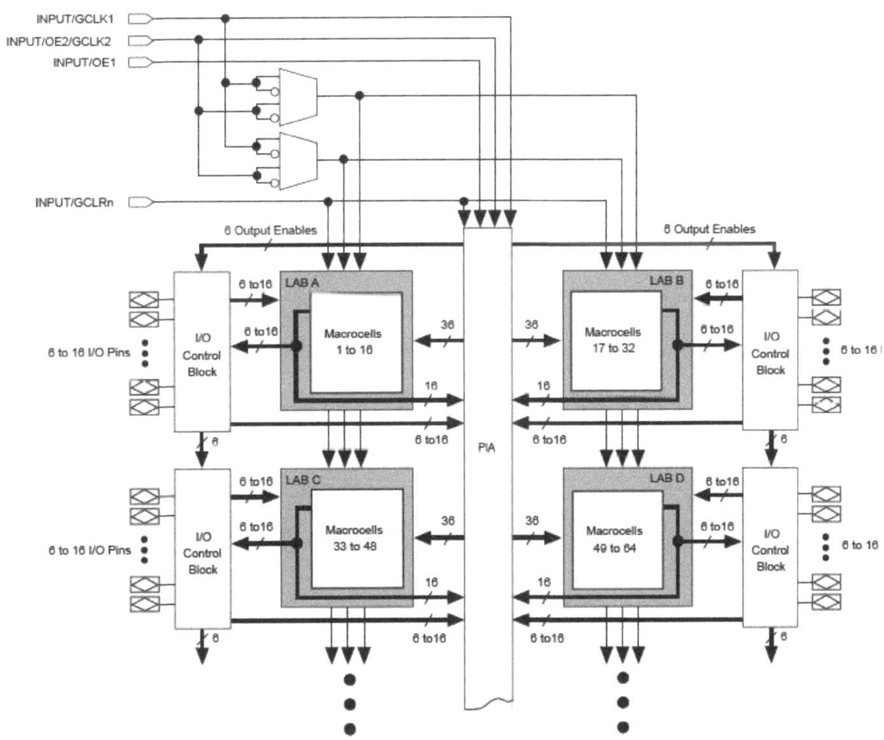

[그림 1.11] LAB(Logic Array Block)의 구조

(7) FPGA(Field Programmable Gate Array)

FPGA는 CPLD와 달리 PLD의 블록간의 연결을 Array 구조와 행(Row)구조의 형태를 이용하여 연결을 하는 2가지의 형태로 나누어진다. 각각의 SPLD 블록간에는 나누어진 segmented Interconnect를 쓰기 때문에 연결 상태에 따라 내부의 연결 길이가 변경 될 수가 있다.

그러므로 연결 상태에 따라 라우팅 딜레이가 다르게 되어 타이밍의 예측이 어렵고 논리 소자의 성능 또한 CPLD의 구조에 비해 떨어진다.

그러나 사용자가 사용할 수 있는 게이트의 용량은 CPLD 보다는 많다는 장점을 가지고 있는데, 이것은 각각의 구조가 나쁘다는 것보다는 사용자의 응용 부분에 따라서 특성화 할 수 있다는 장점을 가지고 있다.

1.3 PLD의 특징

우리나라의 PLD 시장은 급속히 해마다 증가하고 있고 알테라(Altera), Xilinx, Lattice, Actel과 Quick Logic등의 미국 반도체 회사들이 한국에 프로그램형 디바이스를 제공하고 있다.

Quick Logic의 Device는 많은 Flip-Flop이 내장되어 있고, P&R(Place and Route)의 성능이 우수하고 고속인 반면, 1회의 Program만 허용하기 때문에 반복해서 프로그램 하는 실험용으로는 비 적합하고, 또한 고가이기 때문에 사용상의 제약이 따른다.

또한 Altera사에서 제공하는 디바이스들은 한국에서 시장 점유율이 가장 높은 프로그램형 디바이스이고, 소프트웨어의 사용도 상당히 쉽다는 장점이 있다.

아울러 ALTERA사에서 제공하는 프로그램형 소자의 내부구조를 잘 이해하여 거기에 적합한 디지털 회로를 설계하는 방법에 습득하게 되는 좋은 기회가 될 것이다. 또한, 디지털 설계와 하드웨어의 구현은 ALTERA MAX+PLUSⅡ라는 Altera 사에서 제공하는 소프트웨어를 이용하게 되면 편리할 것이다.

1.4 MAX+PLUSⅡ을 이용한 논리회로 설계방법

(1) 회로도에 논리회로 설계 방법

MAX+PLUSⅡ를 이용하여 디지털 논리회로 설계방법은 회로도를 작성하여 설계하는 방법과 동작특성을 VHDL로 기술하여 설계하는 방법이 있다. 그 중에 회로도에 의한 설계방법을 [그림 1.12]와 같이 설계 흐름도를 나타내었다.

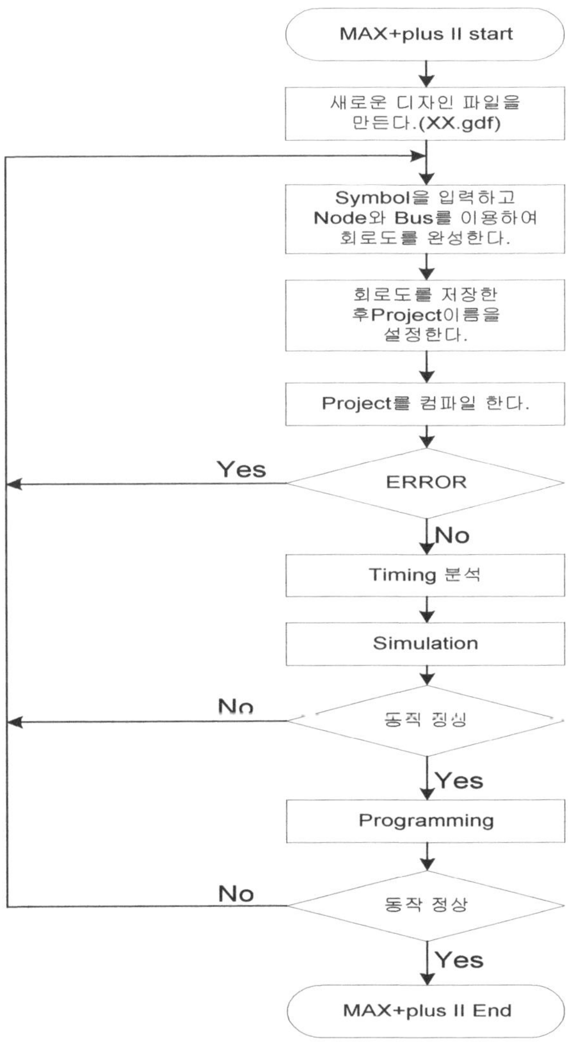

[그림 1.12] 회로도에 의한 디지털 논리회로 설계 흐름도

(2) VHDL을 이용한 논리회로 설계방법

디지털 논리회로 설계방법 중에 VHDL을 이용한 디지털 논리회로 설계방법을 [그림 1.13]에 나타내었다.

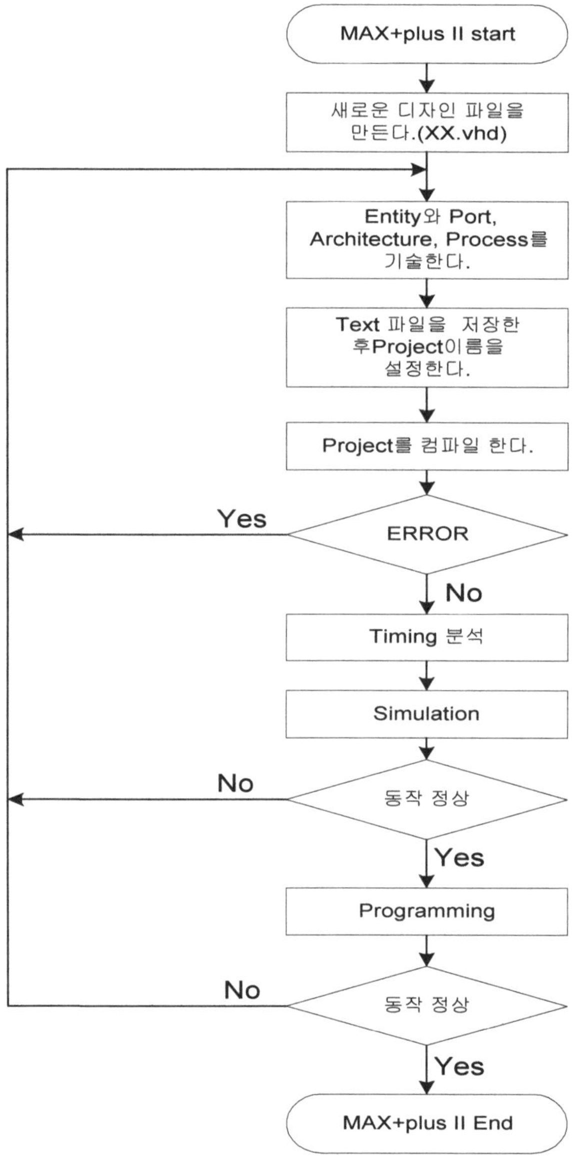

[그림 1.13] VHDL를 이용한 디지털 논리회로 설계 흐름도

이상과 같이 설계흐름도를 이용한 2가지의 설계 방법을 나타내었으며 이를 MAX+PLUSⅡ을 이용하여 설계하게 되면 크게 4가지의 부분으로 [그림 1.14]와 같이 구성된다. [그림 1.14]에서는 첫 번째로 Design Entry로써 Text Editor, Graphic Editor, Waveform Editor, Symbol Editor로 구성된다. 두 번째로 Project 처리 과정으로 Compiler가 중심이 되어 현재 진행 중인 Project를 컴파일 하여 Netlist File을 만들고, 설계로직의 타당성을 검증한다. 또한 이를 이용하여 Data base를 만들고 Logic 합성, Fitting등을 통해 Assembler를 통해 프로그램 가능한 파일을 만든다. 세 번째로 Project 검증 과정으로 Timing 분석과 시뮬레이션을 위한 Waveform 편집과 이를 이용한 시뮬레이션을 한 후 최종적으로 Device를 Programming하게 된다. 마지막 과정으로 Byteblaster를 이용하여 내장된 RAM에 다운로드(Download)한 후 이를 CPLD에 기입(Write)하면 최종적인 결과 파일이 CPLD에 들어가게 된다.

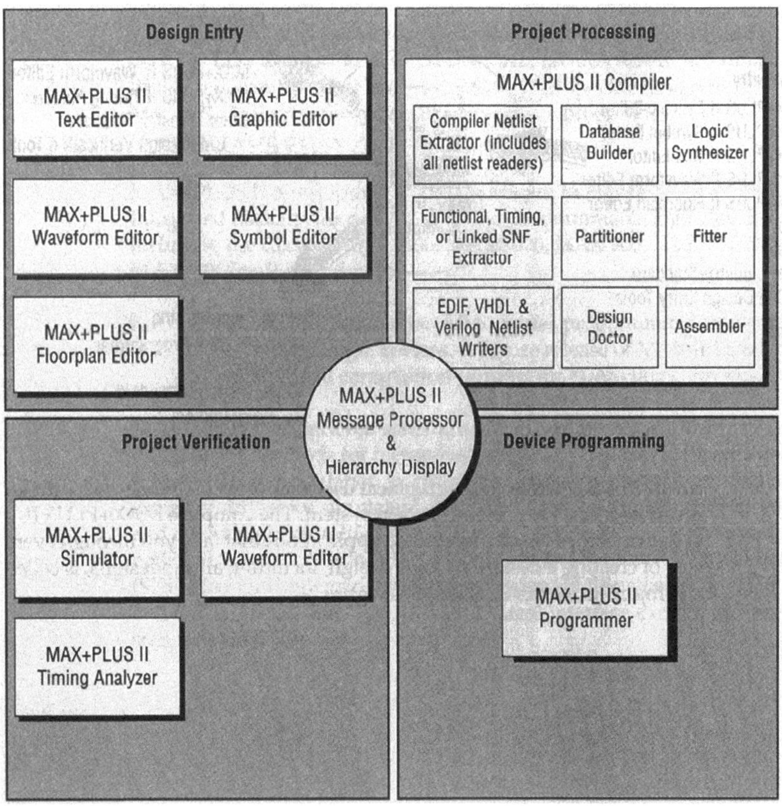

[그림 1.14] MAX+plusⅡ의 계층구조

제 2 장

MAX+PLUS II의 사용법

2.1 MAX+PLUS Ⅱ의 시작

본 장에서는 MAX+PLUS Ⅱ의 기본적인 시작에 대해서 먼저 다룬다.

이를 위해 임의의 작업 Directory를 위해 Folder를 만든 다음 이를 MAX+PLUS 작업 Directory로 사용하기로 한다. 즉 C:\MAX_PLUSII\BSZ1이라는 새로운 폴더를 만든다. 이제 [그림 3.1]과 같이 PC의 바탕 화면에서 MAX+plus Ⅱ 10.2 단축 아이콘을 클릭하면 [그림 2.2]와 같이 MAX+plus Ⅱ의 초기 화면으로 들어간다.

[그림 2.1] MAX+PLUS II 시작

앞에서 설명한 방법으로 MAX+PLUS Ⅱ로 들어가면 이에 대한 초기화면 구성은 다음과 같이 표시된다. 이때 화면의 상단에는 현재 설정된 Project의 이름이 표시되는데 처음 시작의 상태이므로 “Untitled1”로 표시되어 있다.

[그림 2.2] MAX+PLUS Ⅱ 초기화면

Toolbar에는 모든 MAX+PLUS Ⅱ의 응용 프로그램이 포함되며 [그림 2.2]에서 상단에 있는 것으로 다음과 같은 것을 Toolbar라 한다.

[그림 2.2]에서 아래에 위치하는 Status bar에는 Toolbar의 보조 내용들이 표시되는데 이는 다음과 같은 Toolbar의 보조 내용들이 표시된다.

이와 같은 내용들을 보이거나 감출 수 있는 기능이 [그림 2.3]과 같은 Option메뉴에 있다. 이에 대한 설정 방법을 알아본다.

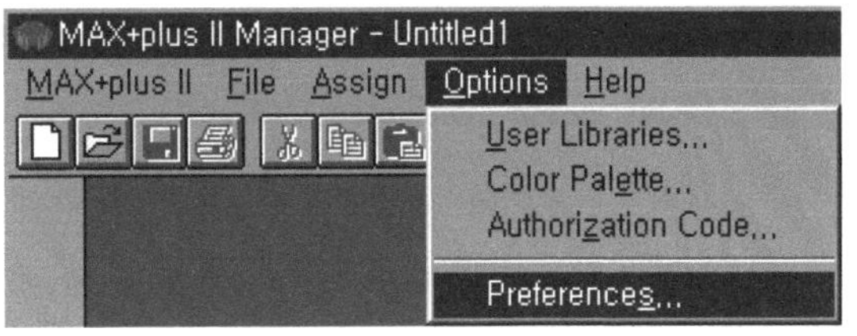

[그림 2.3] Option의 설정

[그림 2.3]의 Option에서 Preferences를 선택하면 다음과 같은 메뉴가 [그림 2.4]에 나타난다.

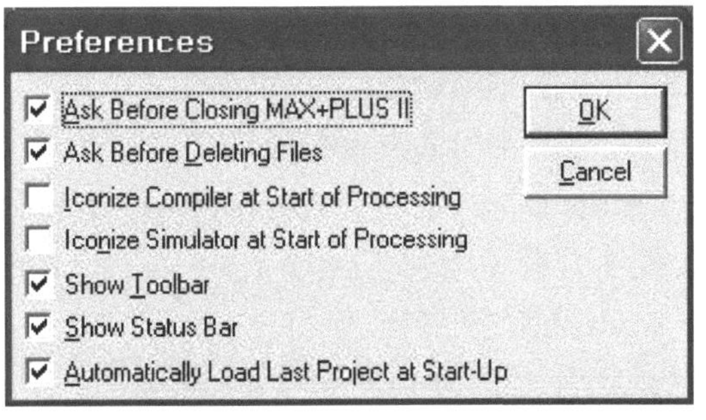

[그림 2.4] Preferences의 설정

[그림 2.4]에서 각각의 메뉴에 대한 설명은 다음과 같다.

① **Ask Before Closing MAX+PLUS Ⅱ** : 모든 작업을 마치고 MAX+PLUS Ⅱ를 종료할 때 다시 한번 종료 확인을 설정한다.

② **Ask Before Deleting File** : 피일을 지울 때 다시 한번 확인하도록 설정한다

③ **Iconnize Compile at Start of Processing** : Compile을 시작하면 이에 대한 Icon이 생긴다.

④ **Iconnize Simulator at Start of Processing** : Simulation을 시작하면 이에 대한 Icon이 생긴다.

⑤ **Show Toolbar** : Toolbar가 화면의 상단에 나타나도록 한다.

⑥ **Show Status Bar** : Status Bar가 화면의 하단에 나타나도록 한다.

⑦ **Automatically Load Last Project at Start-up** : MAX+plus Ⅱ를 시작할 때 자동적으로 마지막 저장된 Project를 Load한다.

2.2 그래픽에디터(Graphic Editor)의 사용방법

2.2절에서는 회로도(Schematic capture)를 이용한 논리회로의 설계 방법을 다룬다.

이를 위해 그래픽에디터(Graphic Editor)를 이용하여 Project 이름을 만든 후 새로운 파일을 이름을 정하고 회로도(Schematic capture)를 이용한 논리회로를 설계한다.

그래픽에디터(Graphic Editor)을 이용한 설계 순서는 다음과 같다.

(1) 프로젝트 이름(project name)을 정한다.
(2) 새로운 파일(new file)을 만든다.
(3) 논리함수에 대한 심벌(symbol)을 입력한다.
(4) 가이드 라인을 설정한다.
(5) 심볼을 원하는 위치로 이동한다.
(6) 입력 핀(input pin)과 출력 핀(output pin)을 입력한다.
(7) 해당 핀에 대한 이름을 입력한다.
(8) 심볼(symbol)을 만든다.
(9) 노드(node)와 버스(bus)들을 연결한다.
(10) 파일을 저장한 후 기본적인에러를 체크한다.
(11) 파일을 닫는다.

이상과 같은 설계 흐름을 따라 한 단계씩 순서에 따라 진행한다. 이를 위해 먼저 [그림 2.5]와 같은 방법으로 프로젝트 이름(Name) 메뉴를 선택한다.

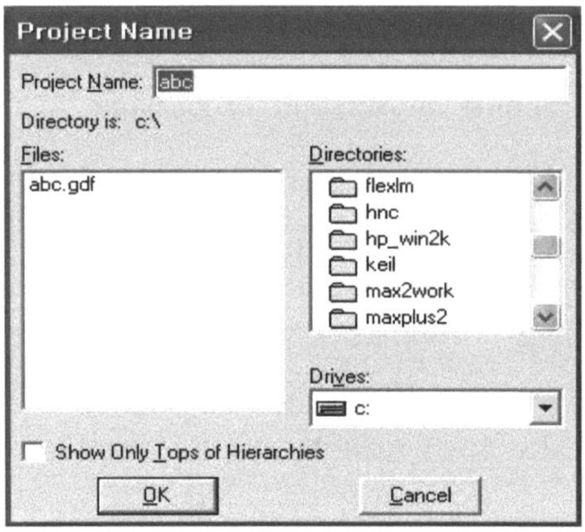

[그림 2.5] 프로젝트 이름 메뉴 선택

[그림 2.5]와 같이 표시된 상태에서 New를 선택하면 [그림 2.6]과 같이 표시된다.

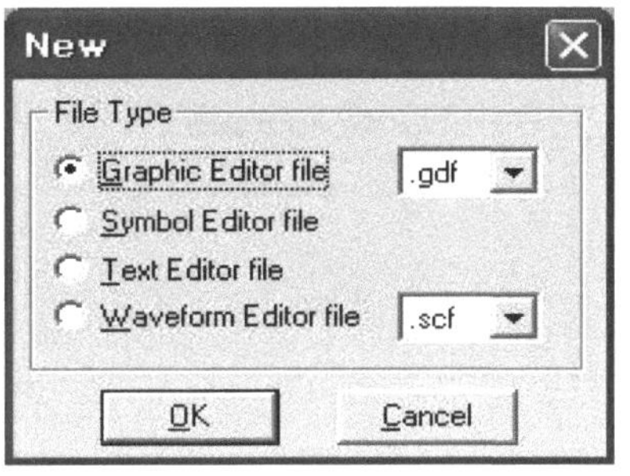

[그림 2.6] 그래픽에디터(Graphic Editor) 파일 선택

여기서 파일의 형태는 그래픽에디터(Graphic Editor) 파일이며 이에 대한 확장자는『.gdf』임을 알 수 있다. [그림 2.6]에서 OK를 선택하면 다음과 같은 화면이 열린다.

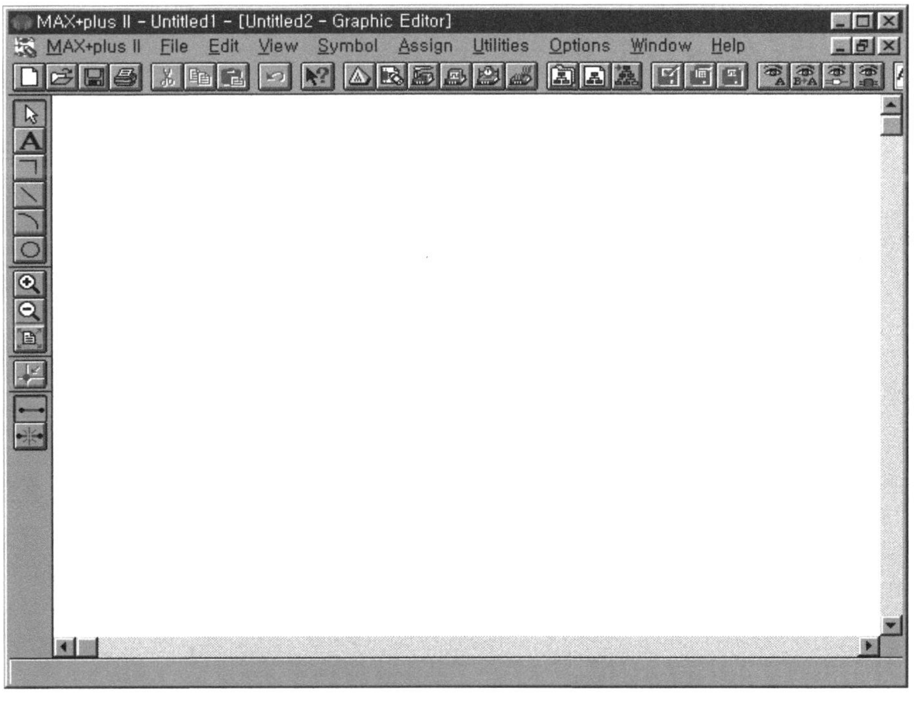

[그림 2.7] 그래픽에디터(Graphic Editor) 모드

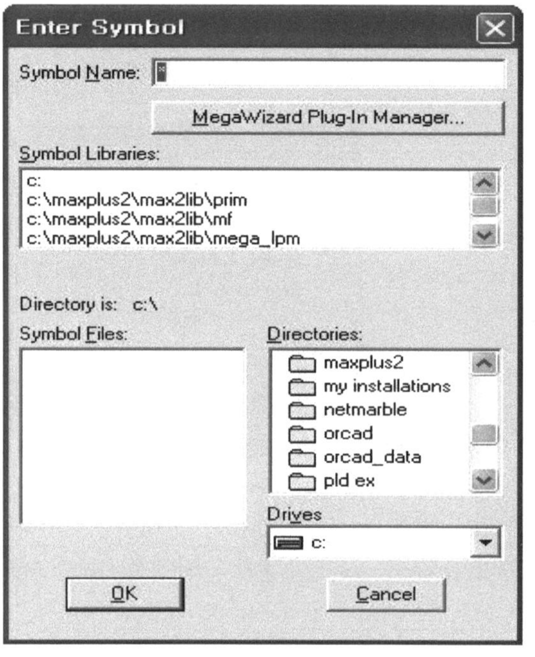

[그림 2.8] 심볼이름 입력

[그림 2.8]에서 \maxplus2\max2lib\prim을 선택하면 [그림 2.9]와 같이 된다.

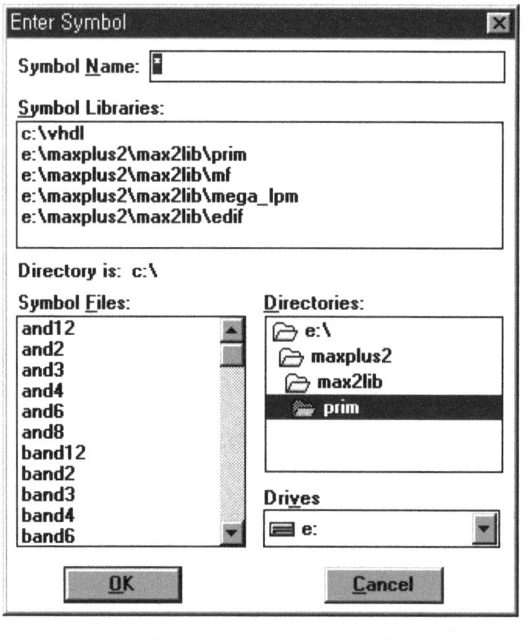

[그림 2.9] 게이트(Gate) 입력

[그림 2.9]에서 심볼(Symbol) 파일 내에 있는 원하는 심볼을 찾기 위해서는 Symbol File Box의 우측에 있는 스크롤을 마우스로 누르고 이동하면 원하는 심볼을 찾을 수 있고 이때 마우스로 원하는 심볼을 선택한 후에 [그림 2.9]의 OK를 선택하면 그래픽에디터 화면 위에 심볼을 추가할 수 있다.

[그림 2.10]의 Symbol Files Box내에는 여러 가지의 각종 게이트(Gate)가 있으며 \maxplus2\max2lib\prim에 대한 기호는 다음과 같이 여러 종류가 있다.

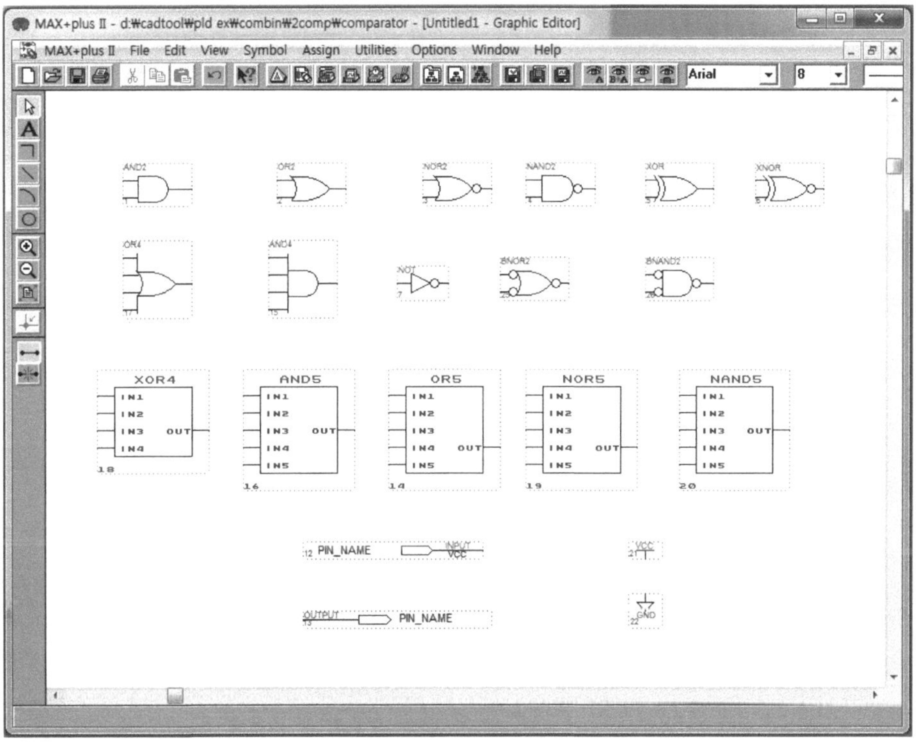

[그림 2.10] 게이트 종류

[그림 2.10]에서 AND뒤의 숫자는 입력의 수를 나타낸다. 예를 들어 인버터는 NOT을 입력하고, 2입력 AND Gate는 AND2로 입력하면 된다. 또한 2입력 OR Gate는 OR2로 입력하면 된다. 또한 각각의 기호 밑에 있는 심볼명을 입력하면 된다. [그림 2.10]에서 GND는 논리적으로 0을 나타내며 VCC는 논리적으로 1을 나타낸다. 아울러 XOR는 배타적 논리합을 나타낸다. INPUT은 최종적으로 프로그래밍 되는 CPLD의 외부 핀에 연결되는 입력포트를 나타내며 또한 OUTPUT는 CPLD의 외부 핀에 연결되는 출력 포트를 나타낸다. [그림 2.11]에서는 플립플롭의 종류로 D Flip-Flop을 입력하기 위해서는 D F/F를 입력하고, JK F/F을 입력하기 위해서는 JK F/F를 입력한다.

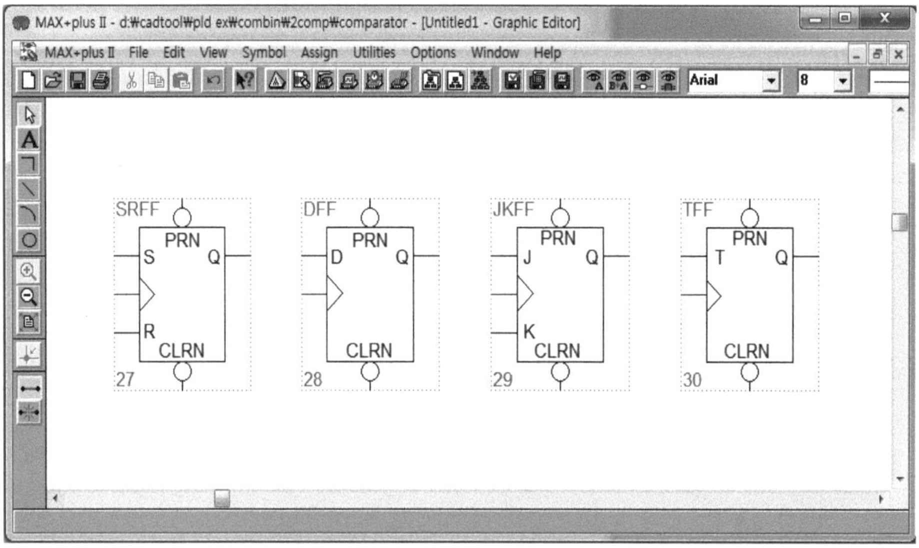

[그림 2.11] 플립플롭(Flip-Flop)의 종류

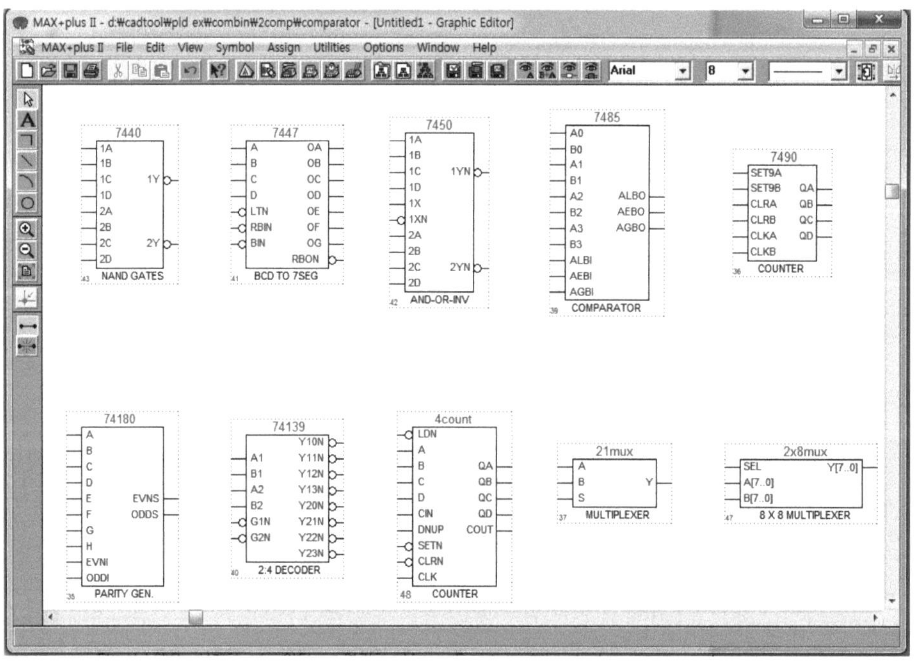

[그림 2.12] TTL IC 74XXX Series의 종류

[그림 2.12]를 보면 매우 많은 종류의 TTL이 있고 특히, 74XXX Series와 다수의 Mega Function Libraries가 준비되어 있으므로 원하는 기능의 Mega

Function Libraries를 활용한다면 보다 쉬운 방법으로 복잡한 디지털 시스템을 설계할 수 있다. 이러한 Mega Function Libraries는 ALTERA사에서 이미 만들어 제공하고 있으며 8bit의 Adder나 MUX, Decoder, 8개의 D Flip-Flop 등 고기능의 심볼이 많이 있고 [그림 2.11]에서 소개한 것 이외에도 다수가 있다.

이제 앞에서 설명한 방법으로 NOT Gate, 2 입력 AND인 AND2 Gate, 2 입력 OR Gate인 OR2 Gate와 Input symbol과 Output Symbol을 각각의 입·출력에 대해 삽입한다. 즉, 입력심볼은 5개를 추가하고 출력심볼은 3개를 입력한다. 실제 하드웨어적으로 구현될 CPLD의 인터페이스 핀인 INPUT과 OUTPUT을 각각 그래픽에디터 화면상에 심볼을 [그림 2.13]과 같이 입력한다.

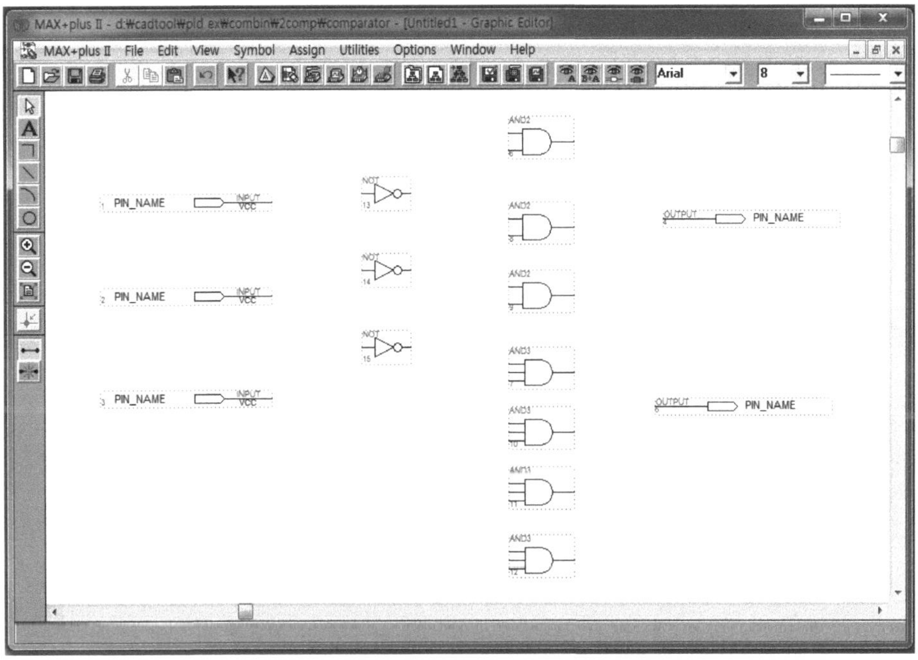

[그림 2.13] 그래픽에디터 화면상에 심볼 입력

 : 화면 확대

 : 화면 축소

 : 전체화면 표시

 : 연결점(Connection dot)의 삽입 또는 삭제

 : Symbol의 이동시 연결선도 같이 이동

 : Symbol의 이동시 연결선은 그대로 분리된 상태로 유지

앞에서 표시한 심벌과 [그림 2.13]의 좌측에 있는 편집 도구를 이용하여 도면을 그린다. 이때 마우스를 심벌의 위치로 이동하면 심벌 위에 『+』 표시가 나타나는데 이때 마우스의 왼쪽 버튼을 누른 상태에서 마우스를 이동하면 빨간 색의 실선이 나타나 선으로 연결되고 있음을 보여주고 있다.

만약에 어느 지점에서 끝내고 또 다른 곳에서 새로운 선을 그리고 싶을 때는 마우스의 왼쪽 버튼을 떼고 난 후 다시 마우스의 왼쪽 버튼을 누르고 원하는 위치로 이동하여 선을 그릴 수 있게 된다. 이때 마우스의 이동시에 점선으로 된 『+』 표시가 나타나 화면의 편집을 도와준다.

이와 같은 방법으로 그려진 화면은 [그림 2.14]와 같다.

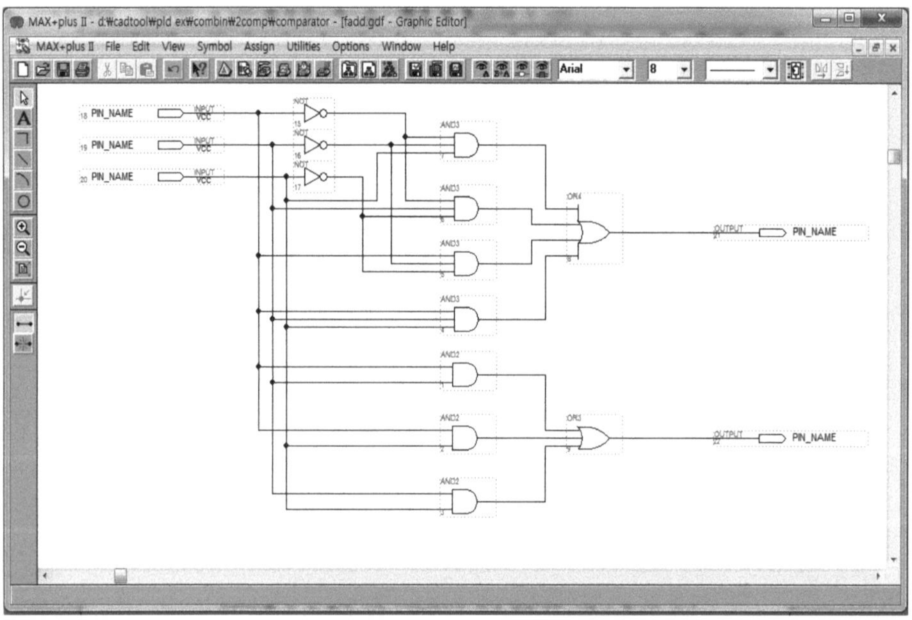

[그림 2.14] 심벌을 이용한 그래픽에디터 화면의 완성

위의 [그림 2.14]는 아직 입력포트와 출력포트의 이름이 PIN_NAME으로 되어있기 때문에 해당 입·출력 포트의 PIN_NAME 위에 마우스의 왼쪽 Button을 두 번 클릭 하면 PIN_NAME 위에 검정색의 바탕이 생기며 여기에 원하는 이름을 입력한다. 여기서는 실험을 위해 입력에 대해서는 X, Y, Ci로 설정하며 또한 출력은 S, Co으로 각각 이름을 정한다. 핀 이름을 입력하는 다른 방법은 [그림 2.15]와 같이 입력할 수 있다.

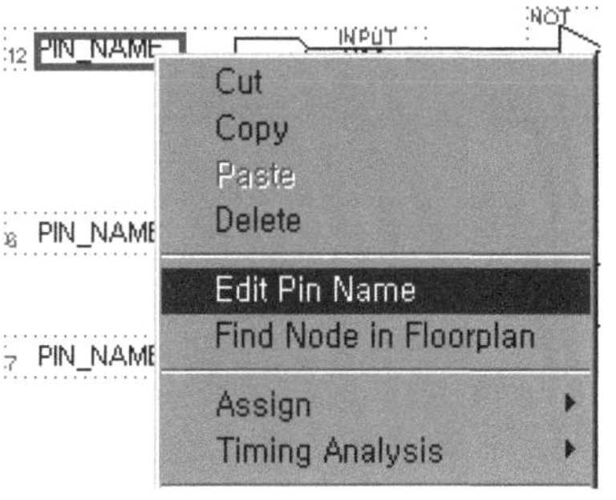

[그림 2.15] 핀 이름 입력

여기서 알 수 있듯이 먼저 마우스로 해당 PIN_NAME을 선택한 후 오른쪽 마우스를 누르면 [그림 2.15]가 나타나며 여기서 Edit Pin Name을 선택하면 해당 PIN_NAME의 위치가 검정색 바탕으로 되어 원하는 Pin Name을 입력할 수 있다. 이와 같은 방법으로 입력된 PIN_NAME은 [그림 2.16]과 같다.

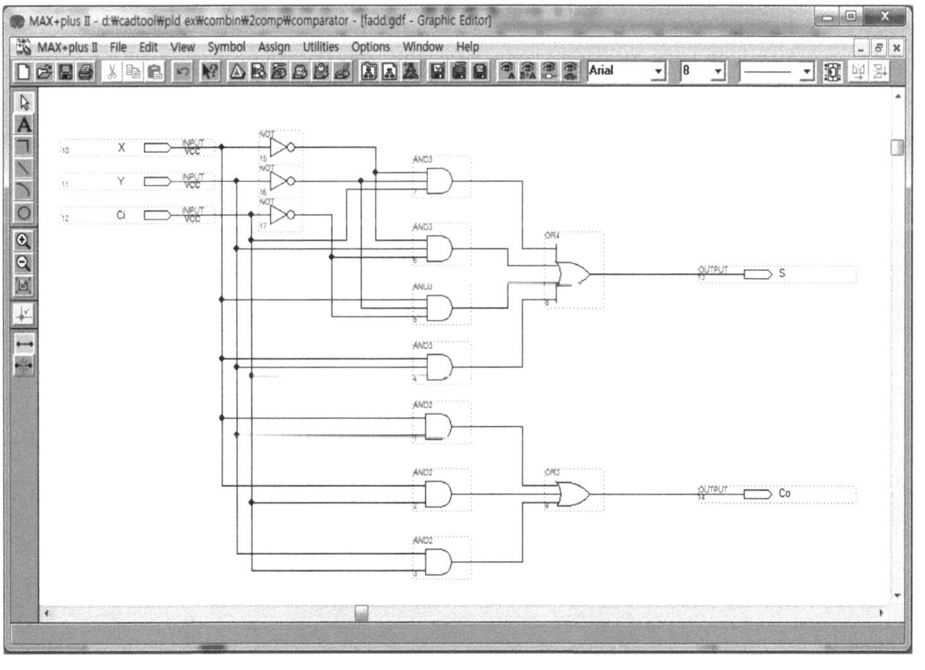

[그림 2.16] 전체 입출력핀 이름 입력

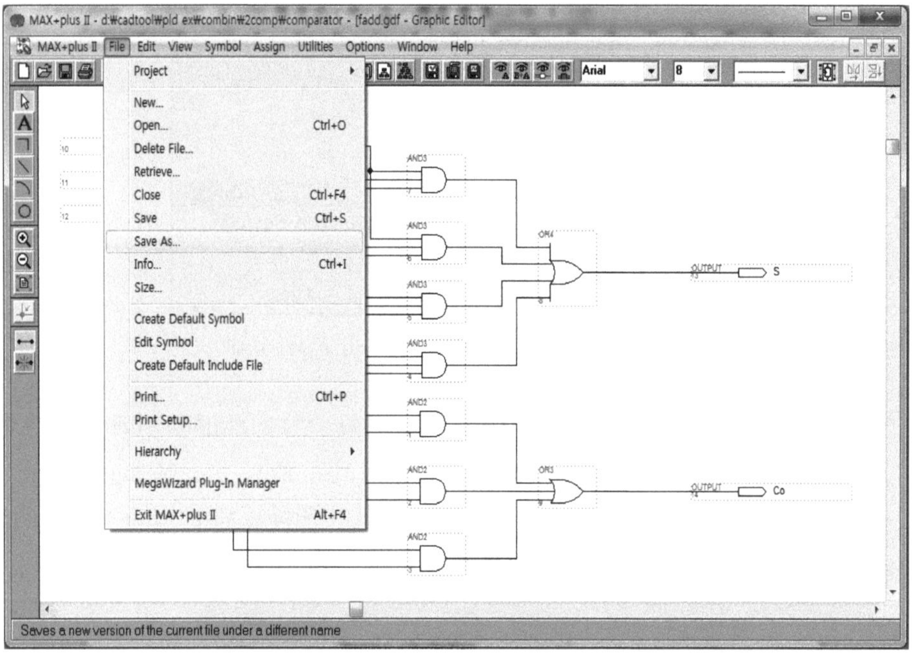

[그림 2.17] 새로운 이름으로 파일 저장 준비

[그림 2.17]의 상태에서 Save As를 선택하면 [그림 2.18]과 같이 표시된다.

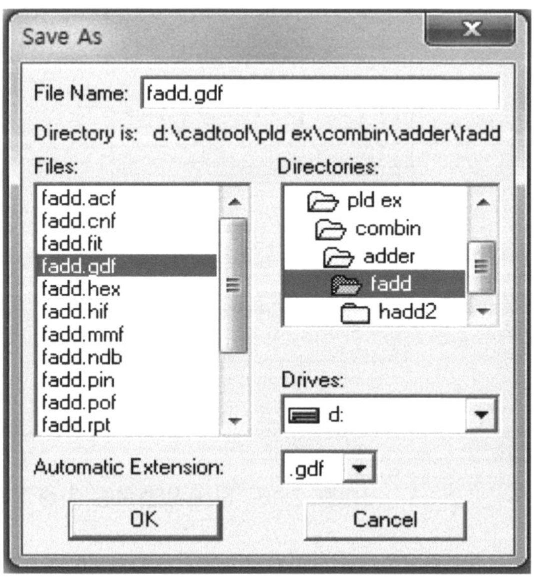

[그림 2.18] 새로운 이름으로 파일 저장

[그림 2.18]에서 파일명은 임의로 fadd로 설정했으며 이에 대한 확장자는 자동적으로 .gdf로 되기 때문에 별도로 .gdf라는 확장자를 입력할 필요는 없다. 만약에 설계자가 원하는 폴더(Folder)나 디렉토리(Directory)가 있다면 그 위치로 새로운 파일을 저장하면 된다. 아직까지는 Project Name이 없는 상태(Untitled1)이므로 다음과 같은 방법으로 Project 이름을 결정한다.

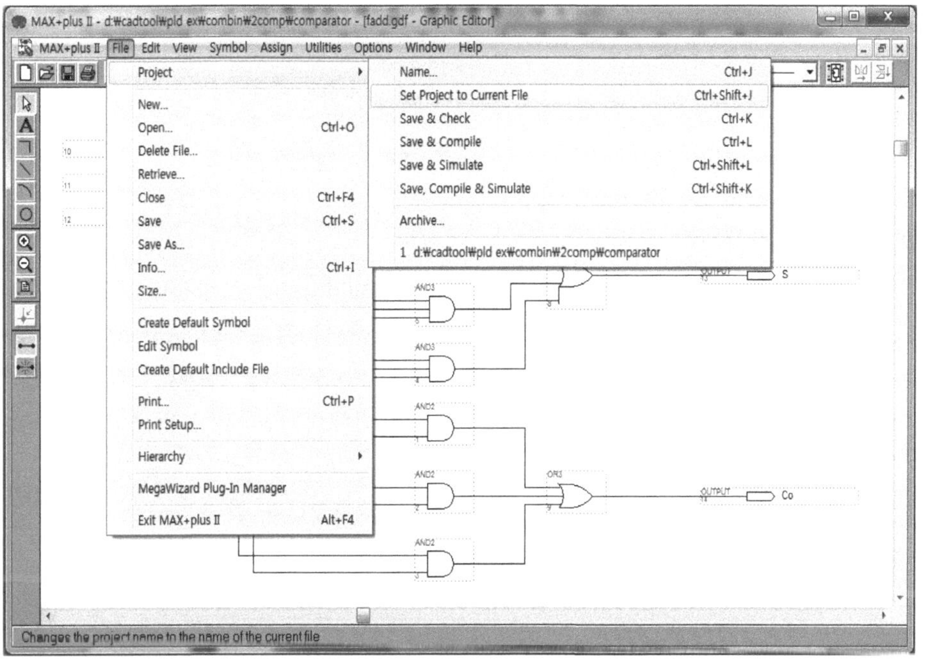

[그림 2.19] 현재의 파일이름으로 프로젝트명 설정

[그림 2.18]과 같은 상태에서는 Untitled1으로 표시되었지만 이제는 현재의 파일 이름으로 프로젝트명이 변경되었음을 [그림 2.19]의 상단을 보면 알 수 있다.

이와 같이 설계가 진행되고 있는 Project는 d:₩cadtool₩pldex₩add이며 파일명은 fadd.gdf임을 알 수 있다. 현재의 파일 이름으로 Project를 설정한 후 컴파일(compile)과정을 거쳐야 하는데 그 과정은 다음 장에서 자세히 설명하였다.

2.3 컴파일모드 사용방법

앞절에서 설명한 그래픽에디터 상에서 설계된 회로를 검증하기 위하여 다음과 같이 컴파일 모드로 들어간다.

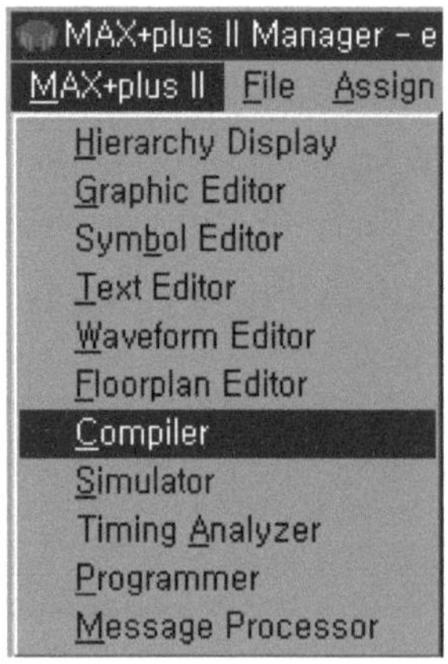

[그림 2.20] 컴파일러(Compiler) 모드

MAX+plusⅡ 컴파일러는 일련의 모듈(Module)과 유틸리티(Utility)로 구성된다. 이와 같은 것은 Project에 대한 오류(Error)를 검출하며 Logic을 Synthesize하여 하나의 Project를 하나 이상의 ALTERA Chip으로 Fitting하는 과정을 행하게 된다.

Project를 컴파일 하기 위해서는 그래픽에디터 파일이 필요한데 이러한 파일은 앞장에서 만들었기 때문에 바로 컴파일의 과정에 들어갈 수 있다.

이에 대한 컴파일의 초기 화면은 [그림 2.21]과 같다.

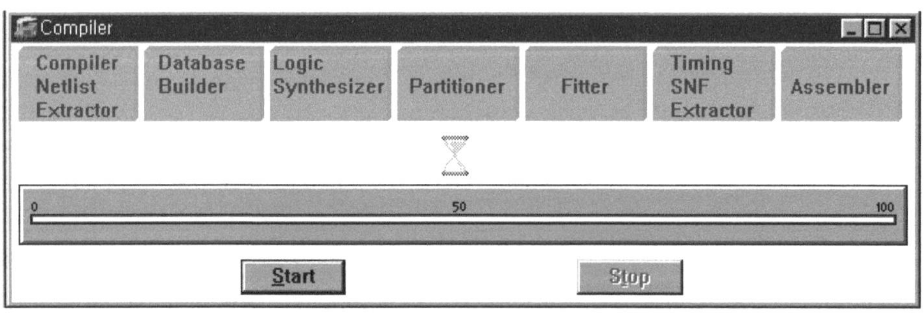

[그림 2.21] 컴파일러(Compiler) 초기화면

[그림 2.21]에서 Start를 선택하면 현재의 Project에 대한 모든 입력 파일을 자동적으로 컴파일 하게 된다. 이러한 컴파일러는 다음과 같은 모듈과 유틸리티를 이용하여 컴파일을 한다.

Compiler Netlist Extractor	현재의 프로젝트에 있는 각각의 Design 파일을 하나 이상의 Binary Compiler Netlist 파일(.cnf)로 만들게 된다.
Database Builder	현재 프로젝트의 전기적인 연결 상태를 나타낸다.
Logic Synthesizer	로직 상태를 점검하여 연결되지 않은 노드(node)는 삭제한다.
Partitioner	설계되는 Project가 하나의 소자에 들어갈 수 있는지의 여부를 알아보고 불가능할 경우에는 여러 개의 Device로 나누어준다.
Fitter	각각의 Logic function을 최상의 Logic cell로 할당한다.
Timing SNF Extractor	완전히 최적화된 프로젝트에 대한 Timing data를 포함하는 Timing Simulation File이 만들어진다.
Assembler	Fitter의 로직셀(Logic cell), Pin등을 해당 Device에 대한 하나 이상의 Programmer Object File(.pof)이나 SRAM Object File(.sof)이 만들어진다.
	표시는 현재 컴파일러(Compiler)의 진행 과정을 나타내고 있는 표시이다.

[그림 2.21]에서 Start를 선택하면 컴파일이 시작되고, 컴파일 되고 있는 상황을 [그림 2.23]에 나타내었다.

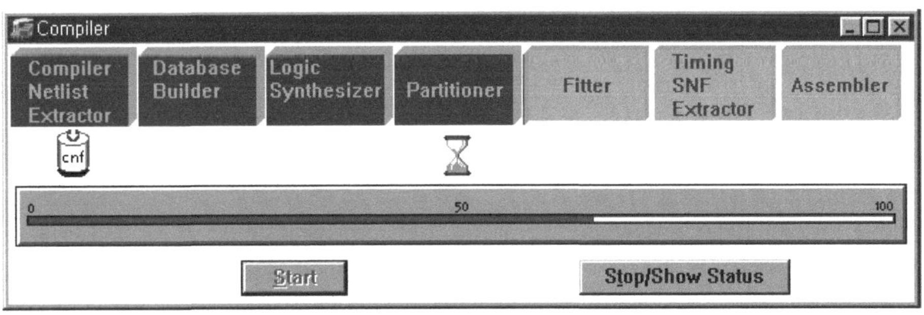

[그림 2.22] 컴파일러(Compiler)의 진행 과정

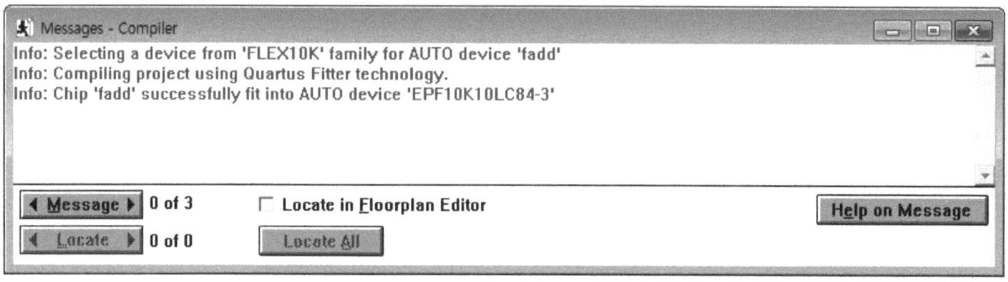

[그림 2.23] 컴파일러(Compiler) 결과 메세지

[그림 2.22]를 보면 현재 컴파일러(Compiler)는 Partition의 과정을 수행하고 있음을 알 수 있다. 각각 Module의 진행이 완료되면 [그림 2.23]과 같이 표시된다. 이와 같이 표시됨으로써 설계된 회로가 정상적으로 설계되었음을 알려준다.

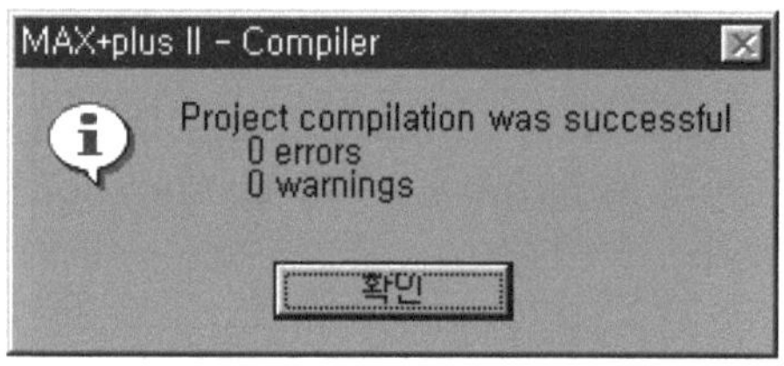

[그림 2.24] 컴파일 완료

그러나, 다른 경고(warning)나 에러(error)가 발생하면 ALTERA의 Help를 이용하여 틀린 회로를 바로잡고 다시 위의 과정을 되풀이하여 [그림 2.23]에 경고나 에러메세지가 없으면 다음의 과정으로 넘어간다.

참고적으로 간단한 모드 전환 방법을 다음에 보인다.

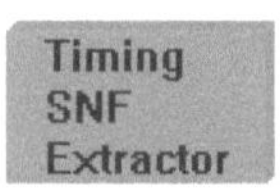

컴파일 완료 후 이 Timing SNF Extractor를 누르면 바로 시뮬레이션 모드로 들어갈 수 있다.

컴파일 완료 후 이 Assembler를 누르면 바로 CPLD에 Download 할 수 있는 Programmer 모드로 갈 수 있다.

2.4 시뮬레이션 사용방법

앞에서 설계한 전가산기 회로를 컴파일한 후 이를 검증을 하기 위하여 시뮬레이션(검증)을 실행한다. 이러한 시뮬레이션을 실행하기 위해서는 MAX+plus Ⅱ 메뉴에서 시뮬레이션의 파형을 만들기 위한 초기화면 편집 모드인 웨이브폼 에디터(Waveform Editor)를 선택하면 [그림 2.25]와 같은 화면이 나타난다.

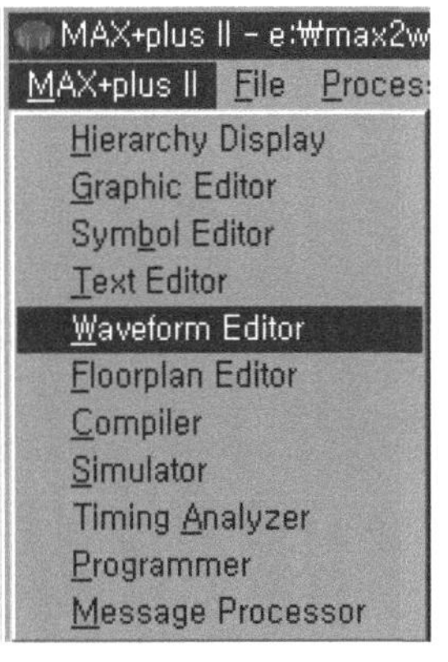

[그림 2.25] 웨이브폼 에디터(Waveform Editor)로 들어가기

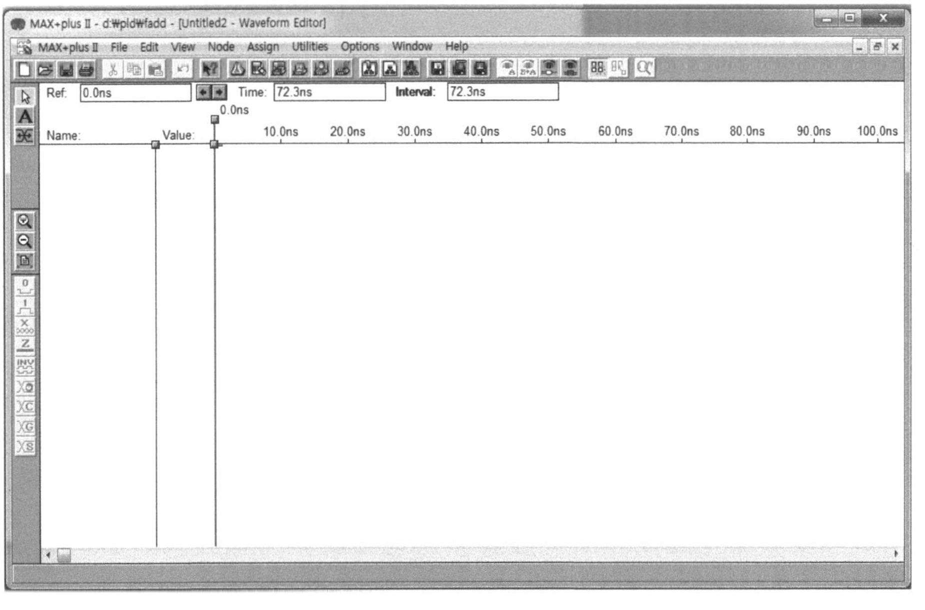

[그림 2.26] 웨이브폼 에디터(Waveform Editor) 화면

[그림 2.26]의 웨이브폼 에디터(Waveform Editor)화면에서 시뮬레이션을 하기 위한 입출력 노드(Node)를 입력하기 위하여 마우스의 오른쪽을 클릭하면 Enter Node from SNF 메뉴가 나오고 이를 클릭하면 [그림 2.27]과 같은 화면이 나타난다.

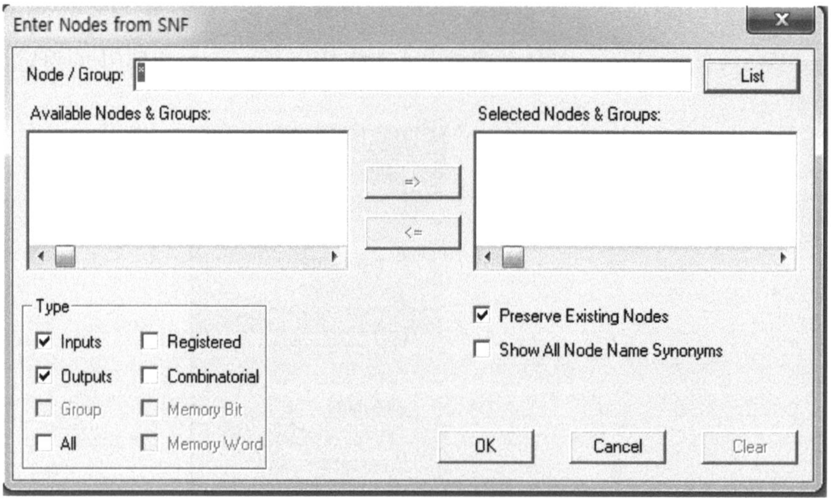

[그림 2.27] 노드이름 삽입

만약에 입력해야 할 Node Name을 모를 경우에는 [그림 2.28]에 있는 List를 선택하면 [그림 2.29] 같은 화면이 나타난다.

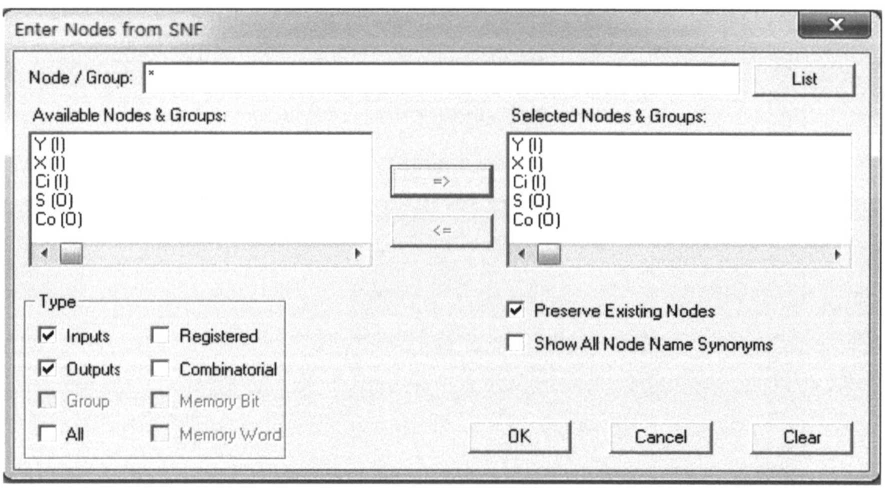

[그림 2.28] 웨이브폼 노드 보기

[그림 2.28]에서 왼쪽의 Available Nodes & Groups에 있는 입 · 출력 노드를 오른쪽으로 입력하면 된다. 여기에서 각각의 노드이름의 괄호안에 (I)라고 되어 있으면 입력노드에 해당되고 노드이름의 괄호안에 (O)라고 되어 있으면 출력에 해당된다. 이와 같이 모든 입출력노드을 Selected Node & Groups로 보낸 후 OK를 선택하면 [그림 2.29]와 같이 된다.

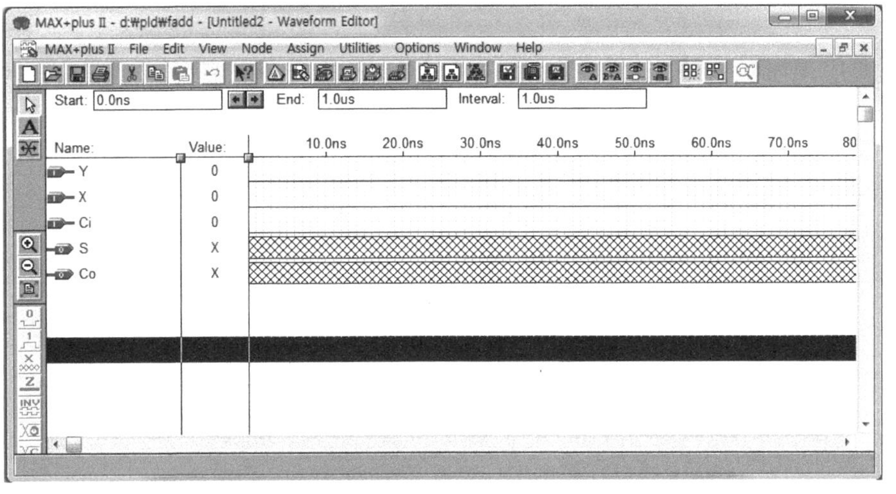

[그림 2.29] 웨이브폼 에디터에서 입 · 출력 노드 삽입

[그림 2.30]에서 만약 입출력 노드의 순서를 바꾸고 싶으면 마우스로 이동을 원하는 노드를 선택한다. 이때 선택된 노드에 있는 줄은 검정색으로 변하고 이를 마우스로 누른 상태에서 이동하고 싶은 위치로 이동하면 선택된 노드가 이동된다.

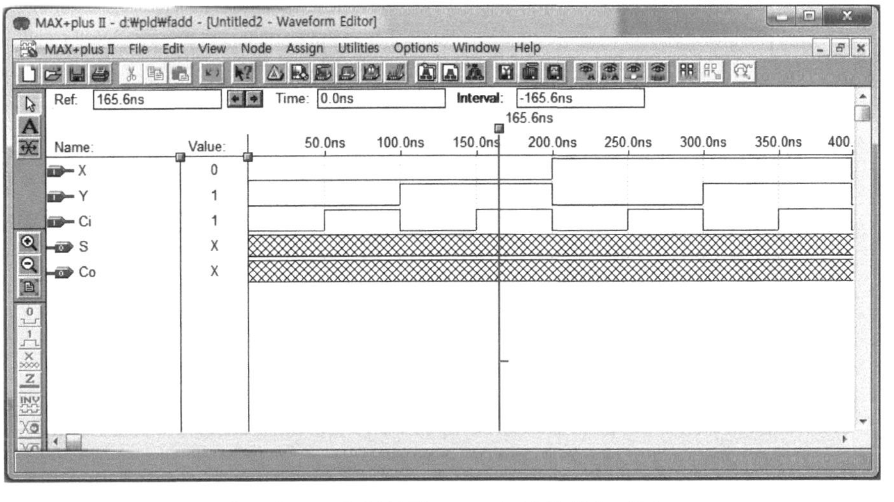

[그림 2.30] 입출력 노드의 입력파형 편집

이제 [그림 2.30]로부터 시뮬레이션을 원하는 구간에 입력노드의 파형을 논리적으로 High("1")나 Low("0")을 편집한다. 그러나 출력의 경우에는 비록 출력 파형을 편집한다 할지라도 다음 장에서 소개되는 시뮬레이션을 행하면 파형을 논리적으로 High("1")나 Low("0")을 편집한 모든 출력은 무시되기 때문에 여기에서는 입력노드만 파형을 편집한다.

[그림 2.30]과 같이 입력 노드에 대해 입력파형을 편집한다. 편집하는 방법은 다양하며 쉬운 방법은 마우스로 해당 노드를 선택하고 마우스의 왼쪽 버튼을 누른 상태에서 마우스를 오른쪽으로 이동하면 해당 구간 동안 검정색으로 파형이 변한다. 이때 [그림 2.30]의 좌측에 준비된 0 또는 1을 선택하면 검정색으로 된 부분이 Low("0") 또는 High(1")로 됨을 알 수 있다. 다른 노드도 이와 같은 과정을 반복함으로써 전체 입력파형을 입력할 수 있다. 이때 출력을 웨이브폼 에디터로 작성하면 입력은 되지만 시뮬레이션을 행하면 입력된 파형은 무시되고 실제로 시뮬레이션에서 출력된 결과만 출력 노드에 나타난다.

만약 입력파형을 확대하려면 [그림 2.30]의 좌측에 있는 "+"기호를 선택하면 화면이 커지고 반대로 축소하려면 "-"를 선택하면 화면이 축소되므로 긴 시간 구간 동안 시뮬레이션을 통해 논리을 검증할 수 있다.

[그림 2.31]과 같은 상태는 아직 시뮬레이션 입력파형의 파일 이름이 미정인 상태이므로 이를 시뮬레이션을 위한 파일 이름으로 저장해야 한다. 즉, File의 메뉴에서 Save As를 선택하여 d:₩pldex₩fadd.scf로 이름을 저장해야만 원하는 시뮬레이션을 할 수 있다. 이에 대한 그림은 [그림 2.32]에 나타내었다. 여기서 OK를 선택하면 시뮬레이션을 위한 기본 준비 과정은 완료된다.

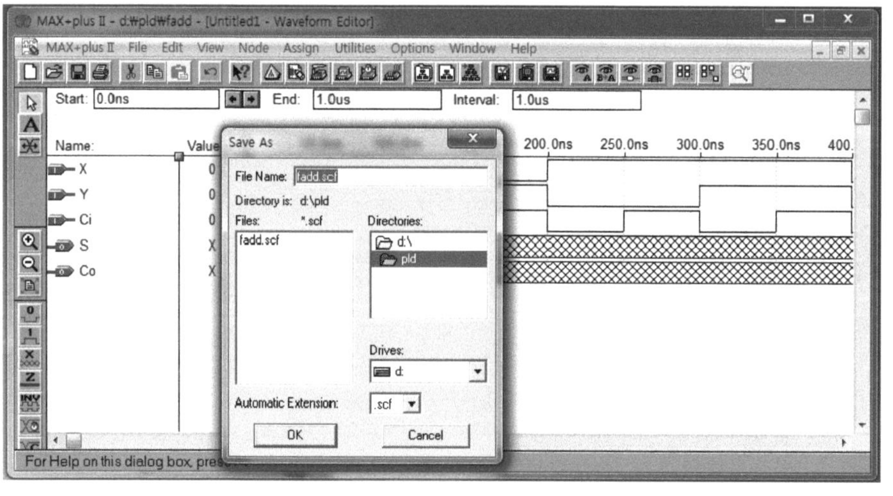

[그림 2.31] 노드의 입력파형 저장

[그림 2.31]에서 파일 이름을 저장할 경우 현재 설계가 진행되고 있는 프로젝트 이름과 같은 이름으로 저장해야 한다.

현재 진행중인 프로젝트는 "fadd"이므로 [그림 2.31]과 같이 "fadd.scf"로 저장한다. 여기서 ".scf"는 시뮬레이션을 위한 Test vector 파일임을 나타낸다. 만약 다른 이름으로 저장한다면 다음 장에서 소개되는 시뮬레이션의 과정에서 해당 Project의 ".scf" 파일이 없어서 시뮬레이션을 진행할 수 없다는 에러(Error)를 발생하게 된다. 이상과 같은 과정을 통해 시뮬레이션을 위한 기본 준비 과정이 완료되게 된다.

2.5 시뮬레이션을 통한 논리검증

제2.2절에서 작성된 회로도와 제2.4절에서 시뮬레이션 준비를 위한 test_vector 인 fadd.scf 파일을 이용하여 설계된 디지털 회로의 동작 상태를 시뮬레이션을 통해 확인해 본다. 이는 ALTERA의 CPLD에 다운로드(Download)하기 전에 설계자가 원하는 동작이 정상적으로 되는지 확인하는 절차이기 때문에 매우 중요하다. 이를 위해 다음과 같은 메뉴에서 시뮬레이션을 동작시킬 준비를 하게 된다.

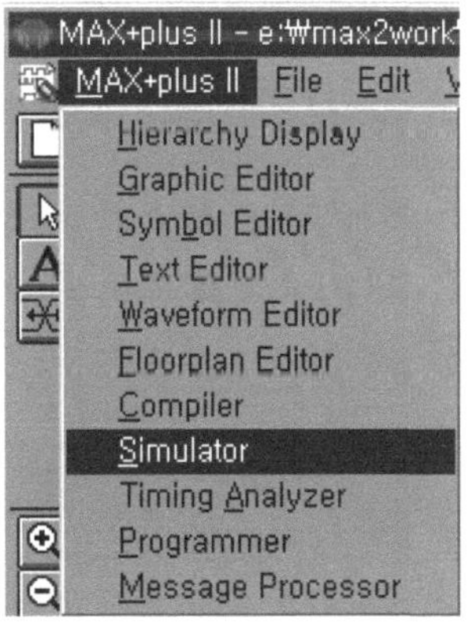

[그림 2.32] 시뮬레이션(Simulator) 모드

[그림 2.32]와 같은 방법으로 시뮬레이션 모드로 들어간다. 이에 대한 Timing Simulation 모드는 [그림 2.33]과 같다.

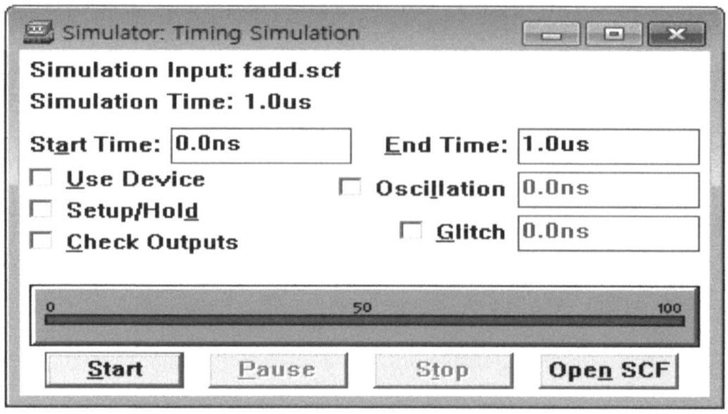

[그림 2.33] Timing Simulation 모드

[그림 2.33]에서 자동적으로 Simulation Input file은 test.scf가 되고 Start Time과 End Time이 File 메뉴의 End Time에서 설정된 값이 자동적으로 표시된다. 만약 [그림 2.33]에서 End Time을 새롭게 수정한 후 Start를 선택하면 다음과 같이 Error Message가 표시된다.

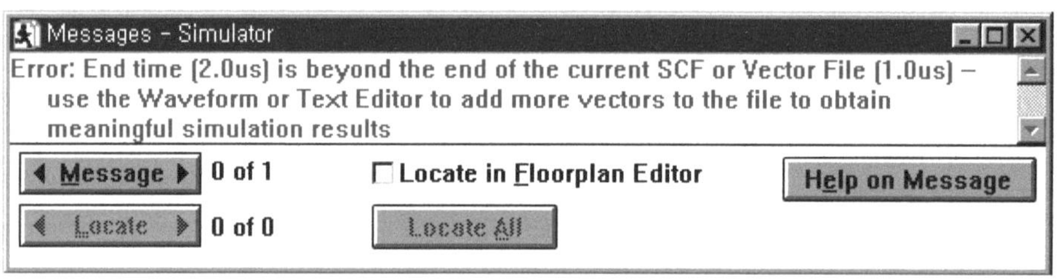

따라서 [그림 2.33]에서 End Time을 수정하기 위해서는 File 메뉴에서 End Time을 수정한 후에 [그림 2.34]의 Start를 선택하여 시뮬레이션을 행하면 된다. 이때 시뮬레이션이 완료되면 [그림 2.34]와 같이 된다.

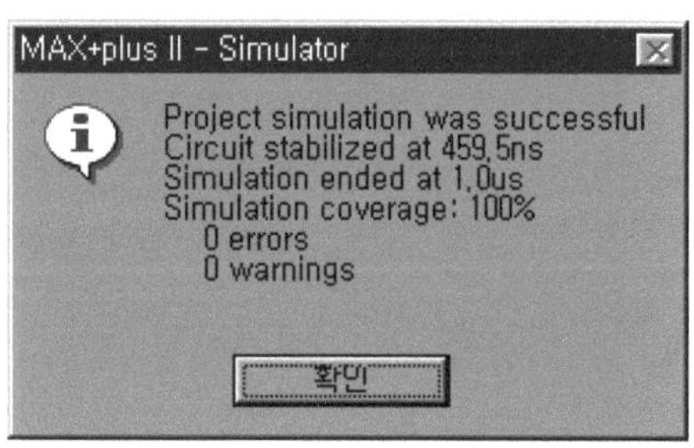

[그림 2.34] Timing Simulation 종료

[그림 2.34]의 상태에서 확인을 누르고 [그림 2.35]에서 Open SCF를 선택하면 시뮬레이션 된 결과 파일이 [그림 2.36]과 같이 표시되어 설계된 시뮬레이션 결과를 볼 수 있다.

[그림 2.36]에서는 원하는 마지막 표시 시간이 500 ns까지만 표시되었기 때문에 시뮬레이션의 마지막 시간인 1.0 usec까지 시뮬레이션 결과를 보려면 하단의 스크롤을 이용해 결과를 확인해야 하는 불편이 따른다. 이를 해소하는 방법에는 여러 가지가 있지만 여기에서는 2가지만 소개하기로 한다. 먼저 화면을 확대 축소하기 위해서는 [그림 2.36]의 좌측에 있는 화면 확대인 "+"나 화면 축소인 "-"를 이용한다. 다른 하나의 방법은 [그림 2.35]와 같이 시뮬레이션을 보고자 하는 시간을 설정하는 방법이다. 이와 같은 방법은 약간 불편함이 따르므로 전자의 방법을 사용한다.

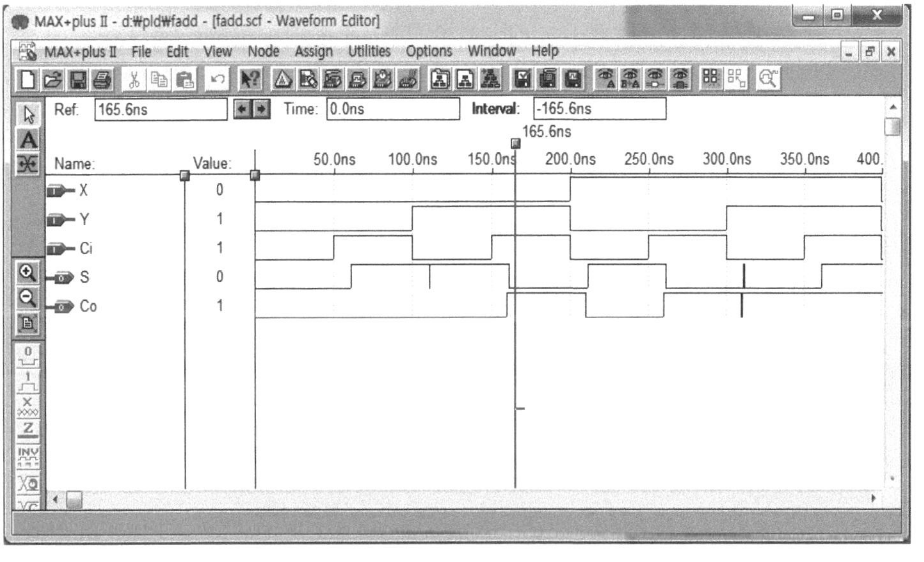

[그림 2.35] Timing Simulation 결과

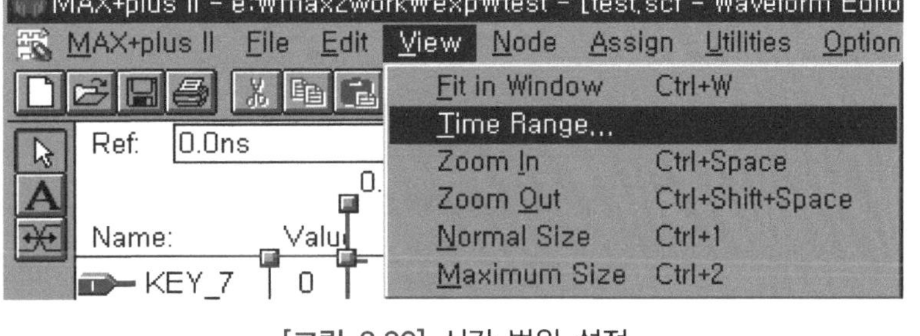

[그림 2.36] 시간 범위 설정

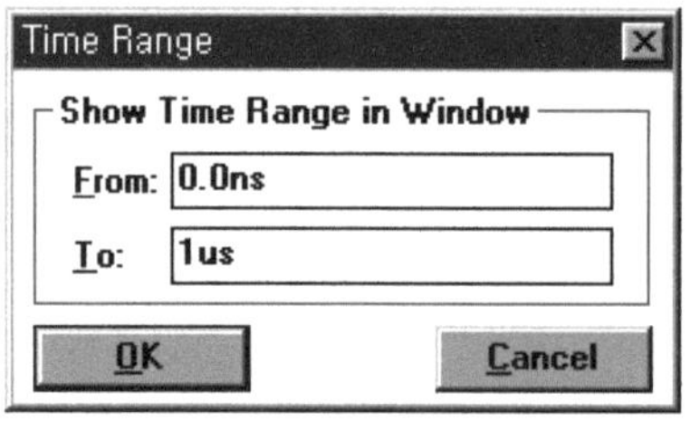

[그림 2.37] 마지막 시간 범위 설정

[그림 2.37]과 같은 방법으로 출발 시간을 0ns에서부터 마지막 시간을 1us까지 설정을 하면 된다. 이와 같이 Time Range의 From과 To의 시간을 설정한 후 OK를 선택하면 [그림 2.37]과 같이 시뮬레이션을 처음 시간부터 마지막 종료 시간까지 볼 수 있다. 위에서 만약 시뮬레이션의 시작 시간과 종료 시간을 바꿀 경우 이에 해당하는 시간 동안 시뮬레이션이 된다. 이러한 경우는 시뮬레이션의 시간이 너무 길어서 일부 구간에 대해서만 시뮬레이션을 행한다면 시뮬레이션의 시간을 절약할 수 있는 장점이 있다.

[그림 2.37]은 마지막 시뮬레이션의 종료 시간이 1.0us이지만 더 많은 시간 동안 시뮬레이션을 하고자 할 경우에는 [그림 2.38]과 같은 방법으로 시뮬레이션의 종료 시간을 새롭게 설정할 있음을 보여주고 있다.

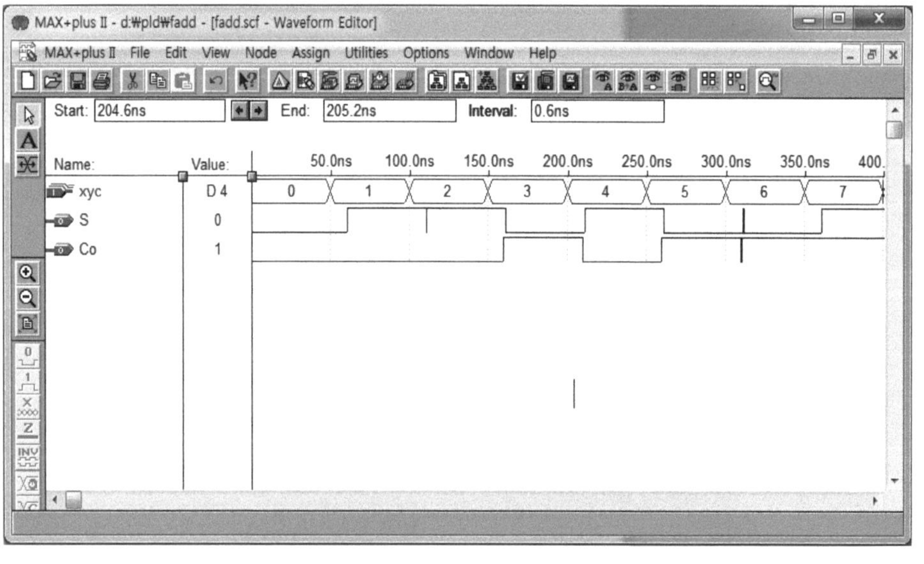

[그림 2.38] 시뮬레이션 전체 시간 파형

[그림 2.38]에서 시뮬레이션 된 결과를 볼 경우 노드의 순서를 바꿔 가면서 시뮬레이션의 결과를 본다면 좀 더 효율적일 수 가 있다. 이때는 이동을 원하는 노드를 왼쪽 마우스로 누른 후에 이 노드를 이동하고자 하는 위치로 이동하여 결과를 볼 수 있다.

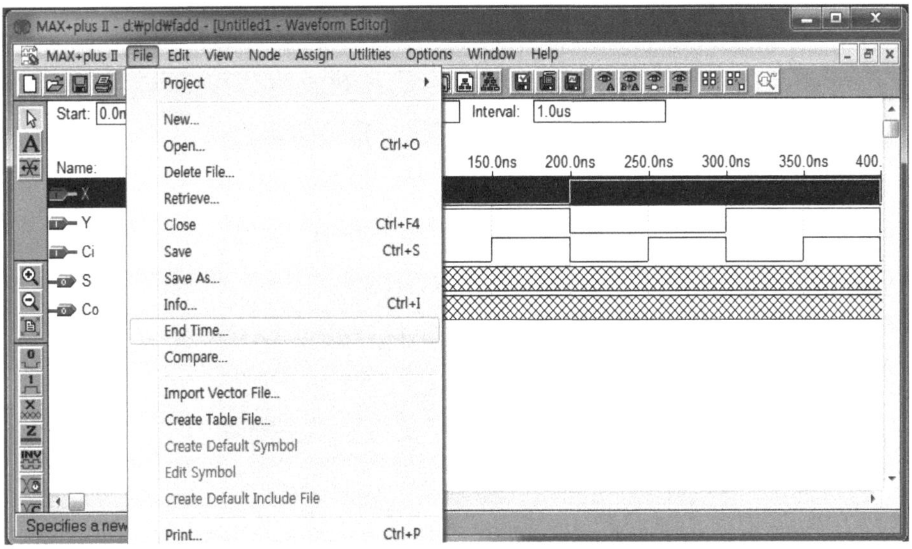

[그림 2.39] 시뮬레이션 종료 시간 설정 준비

[그림 2.40] 시뮬레이션 종료 시간 설정

[그림 2.40]과 같은 방법으로 시뮬레이션의 종료 시간을 늘리고 또한 이에 해당하는 입력 노드의 파형을 여러 가지의 경우에 대해 편집을 한 후 이 시뮬레이션 파형인 fadd.scf를 저장한다.

이와 같이 수정된 파형을 이용하여 시뮬레이션을 한다. 만약에 원하는 파형이 아닐 경우 다시 한번 그래픽에디터 화면상에서 설계된 논리를 확인해야 한다.

2.6 타이밍(Timing) 분석

각각의 입력에 대한 지연 시간(Delay Time)을 체계적으로 분석하고 원하는 동작이 제대로 되는지 판단하는 것은 매우 중요한 일이다. 다행히도 ALTERA Tool에서는 이에 대한 분석을 사용자에게 제공하므로 이에 대한 사용법을 익히기로 한다. 먼저 다음과 같이 Timing Analyzer 모드로 들어간다.

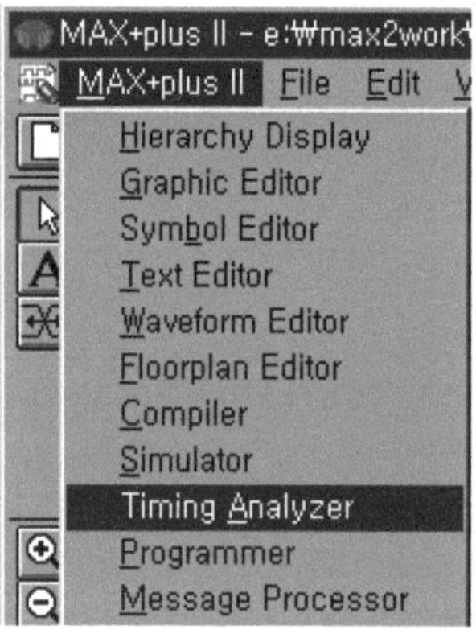

[그림 2.41] 지연 시간 분석 모드

[그림 2.41]과 같은 상태로 지연 시간 분석 모드로 들어가면 [그림 2.42]과 같이 표시된다.

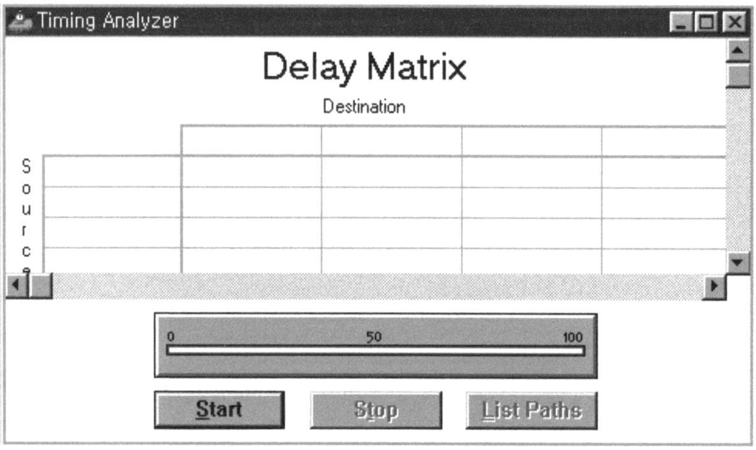

[그림 2.42] 지연 시간 분석 준비

[그림 2.42]에서 지연 시간 분석을 위해 Start를 선택하면 [그림 2.43]과 같이 지연 시간 분석 완료가 표시된다. 이의 상태에서 확인을 선택한 후 [그림 2.44]와 같이 입력에 대한 출력의 지연 시간을 분석한다.

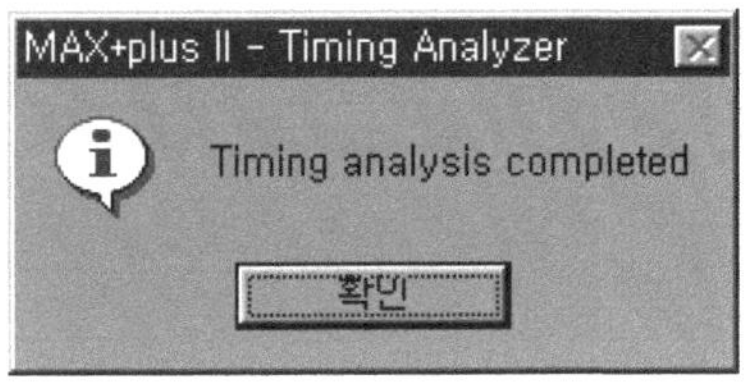

[그림 2.43] 지연 시간 분석 완료

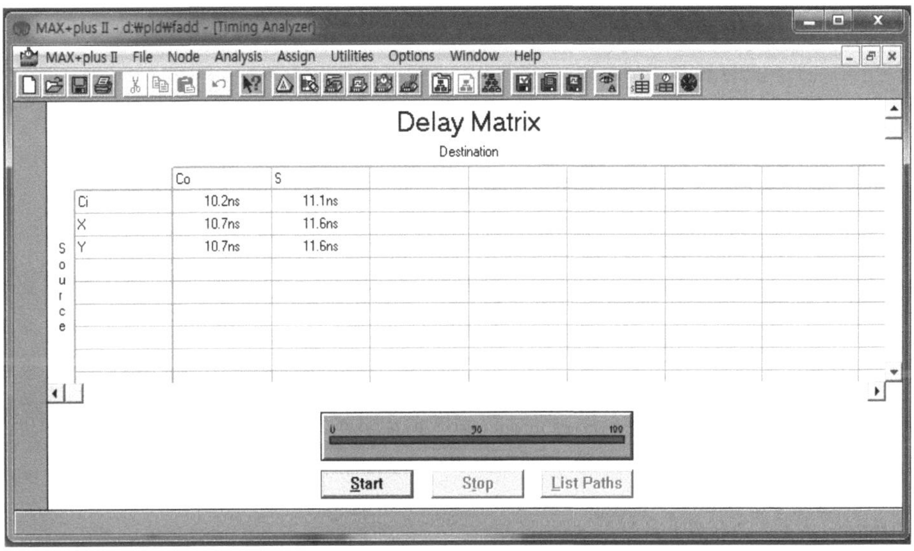

[그림 2.44] 지연 시간 분석

위의 Delay Matrix를 보면 좌측은 입력(source)를 나타내며 위쪽은 출력(Destination)을 각각 나타낸다. 이로부터 알 수 있듯이 X, Y, Ci 입력으로부터 S 출력까지 11.1ns가 지연됨을 알 수 있고 또한 Co 출력까지는 10.2ns씩 각각 지연됨을 알 수 있다.

제 3 장

조합논리회로 설계방법

3.1 조합논리회로 개요

(1) 조합논리회로의 개요

디지털 시스템은 많은 장점으로 인해 기존 아날로그 시스템이나 새로운 시스템의 대부분은 디지털 시스템으로 구성되어 있다. 디지털 시스템의 장점으로는 내외부 잡음에 강하고 설계하기가 용이하며 정보를 저장하거나 가공하기가 용이하고 개발 기간도 단축시킬 수 있어 시스템의 소형화 및 저가격화를 구현 할 수 있는 시스템이다. 따라서 디지털 시스템에서 논리회로는 조합논리회로와 순차논리회로로 나눈다.

조합논리회로는 현재 입력되는 값에 따라 출력이 결정되는 논리게이트로 구성된 회로를 말한다. 가산, 감산 등의 연산회로와 데이터 전송 등에 관련된 회로에 이용되며 반가산기, 전가산기, 디코더, 엔코더, 멀티플렉서 등이 조합논리회로이다.

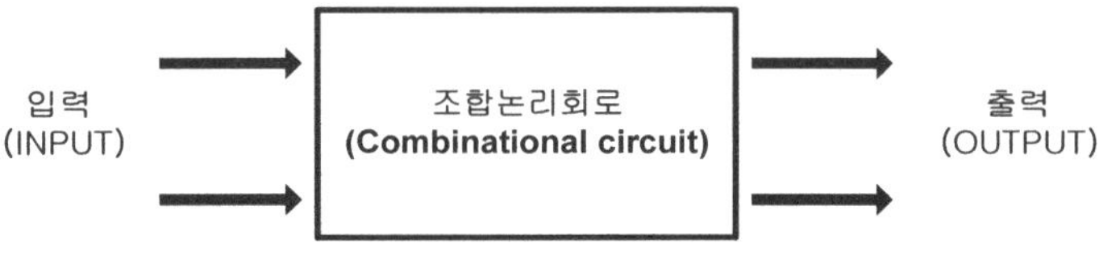

[그림 3.1] 조합논리회로

3.2 논리 게이트의 종류 및 동작특성

(1) AND 게이트

AND 게이트는 두 입력단자가 모두 1일 때만 출력이 1이 되는 논리게이트를 말하며, 진리표는 [그림 3.2]에 나타내었다. AND 게이트의 논리식은 다음과 같다.

$$Y = A \cdot B$$

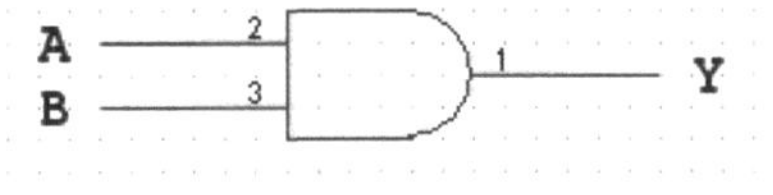

A	B	Y
0	0	0
0	1	0
1	0	0
1	1	1

[그림 3.2] AND 게이트 및 진리표

TTL IC로 AND 게이트는 2개의 입력단자(2-input)를 가진 것으로 4개의 게이트가 1개의 IC안에 수용된 7408(2입력), 7409(open collector)형이 있으며, 이외에 3개 입력, 4개 입력단자게이트로서는 7411(3입력), 7421(4입력) 게이트가 있다.

(2) OR 게이트

OR 게이트는 입력 중 어느 하나 또는 두 개가 모두 1일 때 출력이 1이 되는 논리게이트를 말하며, OR 게이트의 논리기호는 [그림 3.3]에 나타내었다.

OR 게이트의 논리식은 다음과 같이 되며, TTL IC로 OR 게이트는 7432(2입력)형이 있다.

$$Y = A + B$$

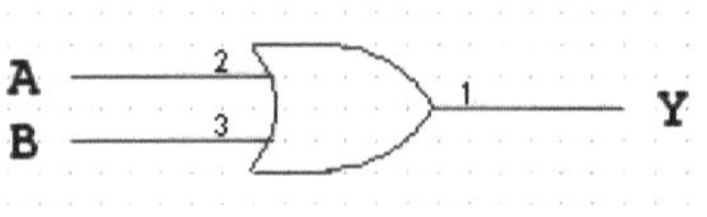

A	B	Y
0	0	0
0	1	1
1	0	1
1	1	1

[그림 3.3] OR게이트 및 진리표

(3) NOT(Inverter) 게이트

하나의 입력과 출력을 가지며, 논리적 부정을 나타내는 논리 게이트를 말하며, 논리기호와 진리표는 아래 [그림 3.4]에 나타내었다.

NOT 게이트의 논리식은 다음과 같이 되고 TTL IC로 NOT 게이트는 7404형과 7405(open collector)형이 있다.

$$Y = \overline{A}$$

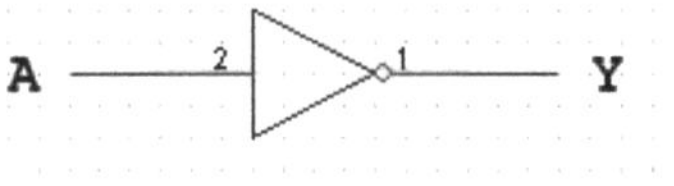

A	Y
0	1
1	0

[그림 3.4] NOT 게이트 및 진리표

(4) NAND 게이트

AND 게이트에 Inverter를 결합시킨 회로로서, NOT의 N자와 AND를 합하여 NAND라는 이름을 붙였다.

입력신호 중 어느 하나라도 0이 되면 출력값이 1이 되는 논리회로이며, 아래 논리기호와 진리표는 [그림 3.5]에 나타내었다. NAND 게이트의 논리식은 다음과 같이 된다.

$$Y = \overline{A \cdot B}$$

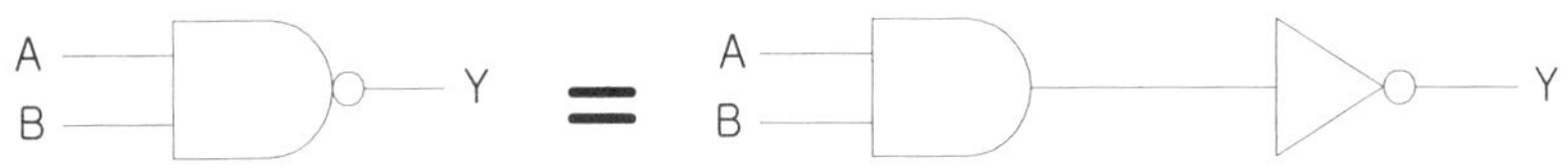

A	B	Y
0	0	1
0	1	1
1	0	1
1	1	0

[그림 3.5] NAND 게이트 및 진리표

TTL IC로 NAND 게이트는 7400(2입력), 7401(2입력-open collector), 7410(3입력), 7420(4입력), 7430(8입력) 등이 있다.

(5) NOR 게이트

NOR 게이트는 OR 게이트와 NOT 게이트를 결합한 회로로서 NOT의 N자와 OR를 합하여 NOR라는 이름을 붙였다.

입력신호가 모두 0일 때, 출력은 1이 되는 회로이며, 논리기호와 진리표는 아래 [그림 3.6]에 나타내었다. NOR 게이트의 논리식은 다음과 같이 되고 TTL IC로 NOR 게이트는 7402(2입력), 7427(3입력), 7425(4입력) 등이 있다.

$$Y = \overline{A \cdot B}$$

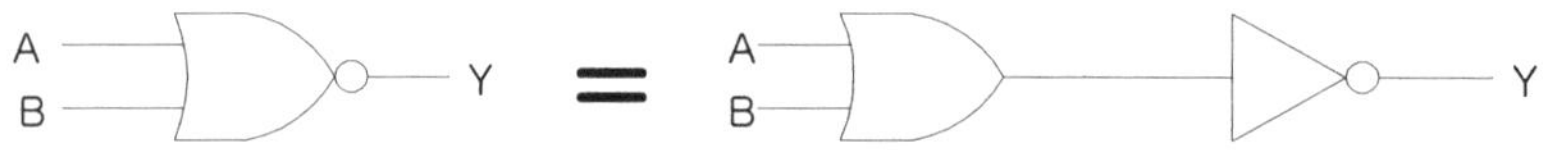

A	B	Y
0	0	1
0	1	0
1	0	0
1	1	0

[그림 3.6] NOR 게이트 및 진리표

(6) XOR 게이트

XOR(Exclusive OR)게이트는 앞서 설명한 게이트들의 조합으로 만들 수 있지만 많은 응용회로에서 중요하게 사용된다. XOR 게이트의 출력은 두 개의 입력이 반대 논리레벨일 때만 '1' (High)이 된다. 즉 XOR 게이트에서 입력 A가 '0'(Low)이고 입력 B가 '1'(High)이거나 입력 A가 '1' 이고 입력 B가 '0' 일 때 출력이 '1' 이 되며 입력 A와 B가 모두 '1' 또는 '0' 이면 출력은 '0' 이 된다. TTL IC로 XOR 게이트는 74LS86, 74HC86 등이 있다.

$$Y = A \oplus B$$

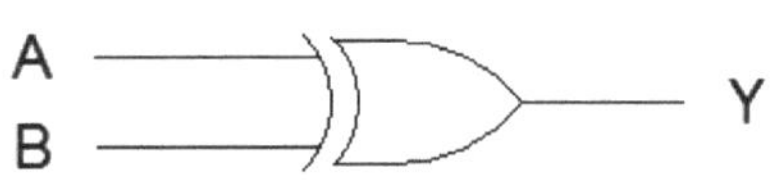

A	B	Y
0	0	0
0	1	1
1	0	1
1	1	0

[그림 3.7] XOR 게이트 및 진리표

(7) XNOR 게이트

XNOR 게이트의 출력은 두 개의 입력이 같은 논리레벨일 때만 '1'(High)이 된다. 즉 XNOR 게이트에서 입력 A가 '0'(Low)이고 입력 B가 '0'(Lowh)이거나 입력 A가 '1'이고 입력 B가 '1'일 때 출력이 '1'이 되며 입력 A와 B가 반대 논리레벨 일 때는 출력은 '0'이 된다. TTL IC로 XNOR 게이트는 74LS266이 있다.

$$Y = A \otimes B$$

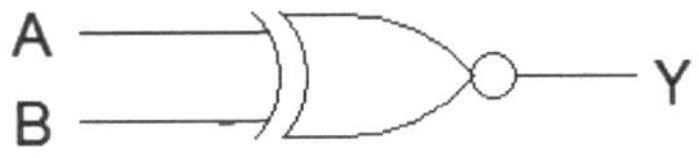

A	B	Y
0	0	1
0	1	0
1	0	0
1	1	1

[그림 3.8] XNOR 게이트 및 진리표

3.3 논리회로 최소화방법

논리 회로를 설계하는 과정에서 회로가 복잡해지면 많은 게이트가 추가되고 동일한 입력이 중복해서 사용되는 경우가 자주 발생한다. 이런 경우에는 게이트의 수를 줄이고 구현된 회로의 비용을 최소화할 수 있는 논리 함수의 최소화 과정이 필요하다.

부울 함수를 최소화하기 위한 방법으로 진리표나 논리 함수를 이용하는 방법, 부울 대수에 의한 방법, 벤 다이어그램(Ven diagram)에 의한 방법, 논리 함수의 표준 전개법 등이 있는데 이들 방법은 논리 변수가 4개 이상 일 때는 이용하기 불편하다. 따라서 논리 변수가 4개 이상에서도 체계적으로 최소의 해를 구할 수 있는 최소화 방법을 소개하고자 한다.

(1) 대수적 방법

1) 부울대수에 의한 방법
2) 컨센서스이론을 이용하는 방법
3) 표준전개법(최소항, 최대항 전개식)

(2) 도식적 방법

1) 카르노 맵을 이용하여 입력 변수가 6개 이하인 경우의 부울 함수를 간략화한다.
2) 퀸-멕클로스키(Quine-McCluskey) 방법(테이블 방법이라고도 함)을 이용하여 입력 변수가 10개 이하의 부울 함수를 간략화한다.
3) 큐브(Cube)를 기반으로 한 최소화 방법을 이용하여 입력변수가 N 개인 부울 함수를 최소화하는 과정을 소개한다.

3.4 카르노 맵(Karnaugh Map)

카르노 맵은 논리 함수의 간략화에 대한 체계적인 방법을 제공하기 때문에 입력변수가 3개 혹은 4개인 논리 함수를 간략화할 경우에는 최소해를 구할 수 있는 매우 유용한 도구이지만 변수가 6개 혹은 그 이상인 경우에는 맵의 형태가 복잡해지기 때문에 최소화하는데 어려움이 있다.

임의의 논리 회로를 OR와 AND 게이트를 이용하여 구현할 때 그 함수를 실현하는 값은 게이트 수와 사용된 게이트의 입력 수가 매우 중요하다.

이 절에서 설명할 카르노 맵의 기법을 이용할 경우 AND와 OR로 구성된 2단 논리회로를 최소값으로 실현시킬 수 있다. 곱의 합 항은 AND 게이트들을 입력으로 받는 단일 OR 게이트로 구성된 2단 논리회로와 직접 대응하며 합의 곱 표현식은 단일 AND 게이트의 입력으로 작용하는 OR 게이트들로 구성된 2단 논리회로와 일치한다.

따라서 최소값을 갖는 2단 AND-OR 논리회로를 얻기 위해서는 합의 곱 형태나 곱의 합 형태로 된 최소 표현식을 얻어야 한다.

임의의 함수에 대한 최소 곱의 합 표현식은 최소 개수의 항을 갖고 최소한의 문자를 갖는 모든 식의 곱의 합 항으로 정의된다.

다시 말해서 최소의 곱의 합은 최소 수의 게이트를 갖고 최소한의 게이트 입력을 갖는 최소 2단 AND-OR 논리회로로 구성된다. 주어진 함수는 두 개의 다른 최소 곱의 합 형태를 가질 수도 있고, 각각 같은 수의 항과 같은 수의 문자를 갖는다.

(1) 입력변수 2개와 3개인 카르노 맵

진리표와 동일하게 임의의 함수에 대한 카르노 맵은 입력변수 값의 모든 조합에 대한 논리함수 값을 기술한다. 2-변수 카르노 맵은 두 개의 변수 중 한 변수의 값을 맵의 상단 영역에 표기하고, 다른 한 변수의 값은 왼쪽 세로 영역에 표기한다. 아래에 나타낸 것처럼 카르노 맵에서 각각의 사각형 영역은 진리표의 A와 B에 대한 값과 일치함을 나타낸다.

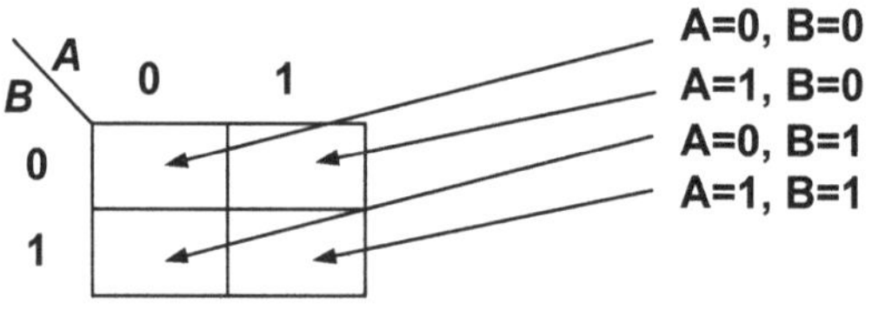

[그림 3.9]는 논리함수 F에 대한 진리표와 이에 대응하는 카르노 맵을 보여주고 있다. A=B=0에 대한 값은 상단 모서리 영역에 기입되고, 다른 영역은 즉 A=0, B=1에 대한 표현은 [그림 3.9(b)]에서와 같은 방법으로 기입하면 된다.

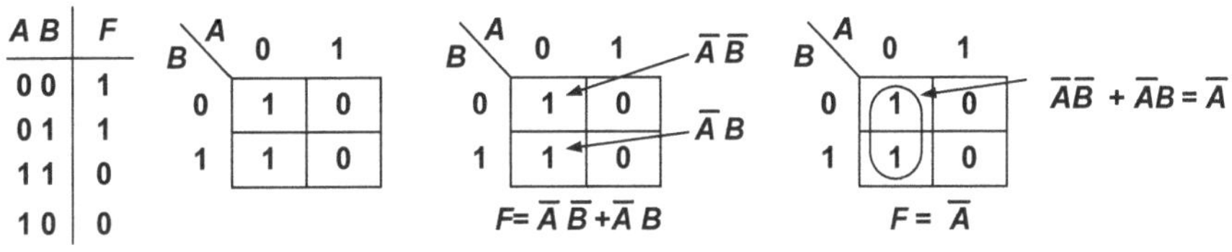

(a) (b) (c) (d)

[그림 3.9] 2변수 카르노 맵의 예

[그림 3.9(a)]의 진리표에서 출력이 “1”인 입력변수만 논리함수 F의 최소항에 해당된다. 진리표에서 최소항은 2개이며 3.9(b)의 카르노 맵에 기입할 수 있다. [그림 3.9(c)]의 카르노 맵에서 입력변수가 “00”이면 $\overline{A}\,\overline{B}$로 표기하며 카르노 맵 입력변수가 “01”이면 $\overline{A}B$로 표기한다. 따라서 카르노 맵에서는 인접된 영역의 최소항들만을 하나로 묶여질 수 있다. 그러므로 $\overline{A}\,\overline{B}$와 $\overline{A}B$를 한 쌍(Pair)으로 묶으면 $\overline{A}$가 되고 그 과정을 [그림 3.9(d)]의 카르노 맵에 나타내었다.

[그림 3.10]은 입력변수가 3개인 진리표와 이에 대응하는 카르노 맵 이다. 세 개의 입력변수 A, B, C 중 하나의 변수 A의 값은 맵의 상단 영역에 표기하고, 다른 두 개의 변수 BC(00, 01, 11, 10)값은 맵의 왼쪽 영역에 표기한다. 예를 들어 입력 ABC=001은 A=0이고, BC=01인 영역에 기입하고 입력 ABC=110은 A=1이고, BC=10인 영역에 표기한다.

A B C	F
0 0 0	0
0 0 1	0
0 1 0	1
0 1 1	1
1 0 0	1
1 0 1	0
1 1 0	1
1 1 1	0

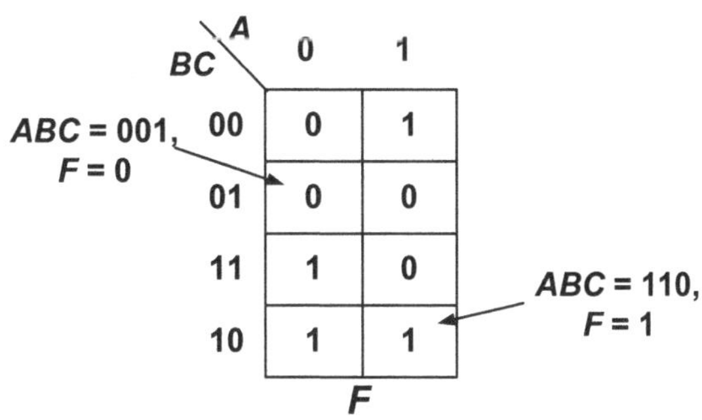

(a) (b)

[그림 3.10] 입력변수 3개인 논리함수에 대한 진리표와 카르노 맵

[그림 3.11]은 입력변수 3개인 카르노 맵에서 최소항의 위치들을 보여주고 있다.

카르노 맵에서 인접해 있는 최소항들은 단지 하나의 변수가 다르므로 $X\overline{Y}+XY=X$ 정리를 이용하여 묶여질 수 있다. 예를 들어 최소항 "011"($\overline{a}bc$)은 세 개의 최소항들 즉 "001"($\overline{a}\,\overline{b}c$), "010"($\overline{a}b\overline{c}$), "111"($abc$)과 인접해 있기 때문에 서로 묶을 수 있다. 또한 맵의 맨 위와 맨 아래 행에 있는 최소항들은 단지 하나의 변수만이 다르므로 서로 인접해 있다고 말할 수 있다. 또한 "100"과 "110"은 위쪽과 아래쪽이지만 하나의 쌍(Pair)으로 묶을 수 있다.

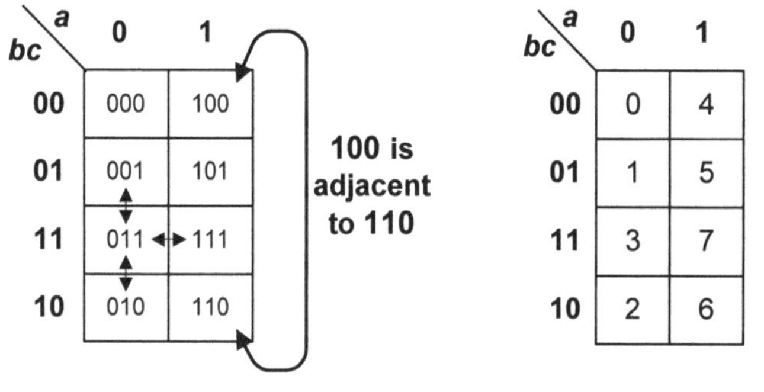

(a) (b)

[그림 3.11] 3변수 카르노 맵에서 최소항의 위치

어떤 함수의 최소항 전개식이 주어졌을 때, 함수의 최소항에 대응되는 영역에 "1"을 넣고 나머지 영역은 "0"을 넣어 맵 안을 채운다(편의상 "0"의 표기는 생략할 수도 있다).

[그림 3.12]는 $F(a,b,c)=m_1+m_3+m_5$의 구성을 보여주고 있다. 만약 F가 최대항 전개식으로 표현되어 있다면 맵은 최대항에 대응하는 영역에 "0"을 넣고 나머지 영역에 "1"을 채워 넣는 것으로 만들어진다.

따라서 $F(a,b,c)=M_0M_2M_4M_6M_7$은 [그림 3.12]와 같은 맵으로 주어진다.

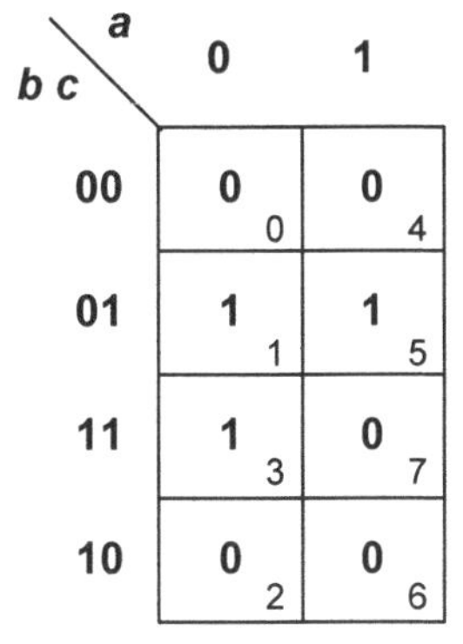

[그림 3.12] $F(a,b,c) = \sum m(1,3,5)$에 대한 카르노맵

[그림 3.13]에는 어떻게 최소항들을 카르노 맵에 나타나는지를 예를 들어 표현하고 있다.

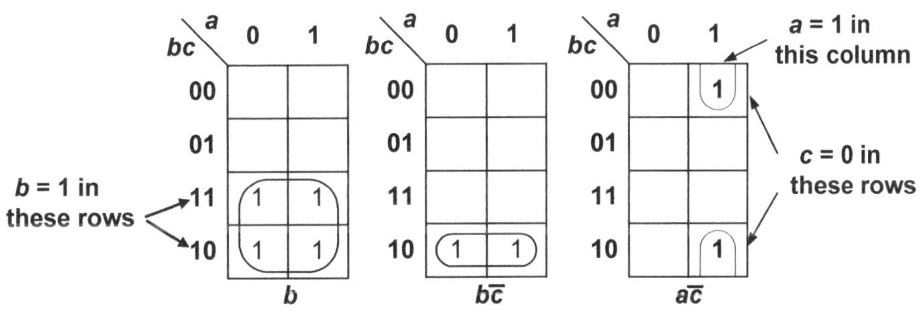

[그림 3.13] 최소항들을 카르노 맵으로 묶는 예

즉 항 b를 만들기 위해서 $b=1$인 맵의 4개의 영역에 "1"이 들어간다. $b=1$이고 $c=0$일 때, 항 $b\overline{c}$는 "1"이므로 $bc=10$인 행의 두 영역에 "1"이 채워진다. $a=1$ 그리고 $c=0$일 때, $a\overline{c}$ 항은 "1"이 되므로 $c=0$인 행과 $a=1$인 열 두 영역에 "1"이 표기된다. 함수가 대수 형태로 주어졌다면 맵을 채우기 전에 최소항으로 전개하는 것이 필요하다. 만약 대수 표현식이 곱의 합 형태로 바뀌었다면 각각의 곱 항들은 맵에서 "1"들의 집합으로 바로 표기될 수 있다. 예를 들어 아래와 같이 함수 f가 주어졌다고 가정하자.

$$f(a,b,c) = ab\overline{c} + \overline{b}c + \overline{a}$$

위의 표현식은 다음과 같은 맵을 만들 수 있다.

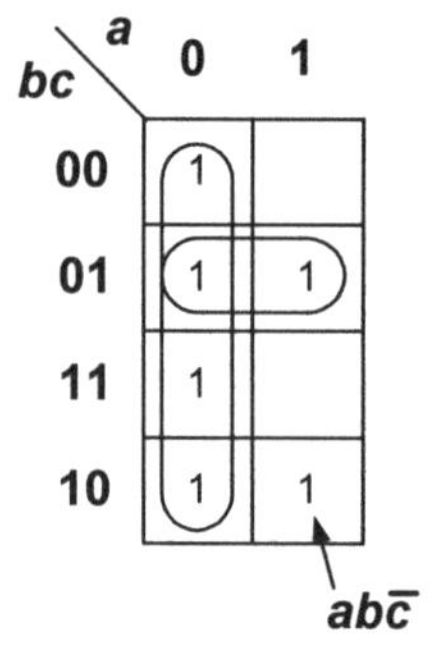

[그림 3.14] $f(a,b,c) = ab\overline{c} + \overline{b}c + \overline{a}$ 카르노 맵으로 묶는 예

① $a = 1$ 이고 $bc = 10$ 일 경우 항 $ab\overline{c}$는 "1"이 되므로, a가 "1"인 열과 bc가"10" 인 행에 대응하는 영역에 "1"을 넣는다.

② $bc = 01$ 일 경우는 항 $\overline{b}c$가 "1"이 되므로, bc가 "01"인 행의 양쪽 영역에 "1"을 표기한다.

③ $a = 0$ 인 경우는 항 $\overline{a}$가 "1"이 되므로, a가 "0"인 열의 모든 영역에 "1"을 넣는다.

(2) 입력변수 4개인 카르노 맵

입력변수 4개인 카르노맵은 각각의 최소항들은 결합이 가능한 4개의 항과 이웃하여 배치된다. 예를 들어 $m_5(0101)$은 이웃한 최소항들과 단지 한 개의 변수만 다르므로 $m_1(0001), m_4(0100) m_7(0111)$ 혹은 $m_{13}(1101)$과 결합될 수 있다. 이웃한 영역의 의미는 3-변수 맵에서와 같이 맨 위와 맨 아래 행뿐만 아니라 첫 번째 열과 마지막 열도 이웃한 영역으로 되도록 확장되어 있다. 최소항 "0"과 "8", 그리고 "1"과 "9" 등이 이웃된 영역이므로 00, 01, 11, 10의 순으로 세로 열에 표기한다.

CD \ AB	00	01	11	10
00	0	4	12	8
01	1	5	13	9
11	3	7	15	11
10	2	6	14	10

[그림 3.15] 입력변수 4개인 카르노 맵의 최소항 위치

카르노 맵에 다음의 표현식을 작성해보자.

$$f(a,b,c,d) = acd + \bar{a}b + \bar{d}$$

$a=c=d=1$일 때, 첫째 항은 "1"이므로 열이 $a=1$이고, 행이 $cd=11$인 두 영역에 "1"을 채워 넣는다. 다음으로 두 번째 항 $\bar{a}b$는 $ab=01$일 때, "1"이므로 $ab=01$인 열에 4개의 "1"을 넣는다. 마지막으로 $\bar{d}$ 항은 $d=0$일 때, "1"이므로 $d=0$인 두개의 행에 8개의 "1"을 넣는다(1+1=1)이므로 중복된 "1"은 넣지 않는다).

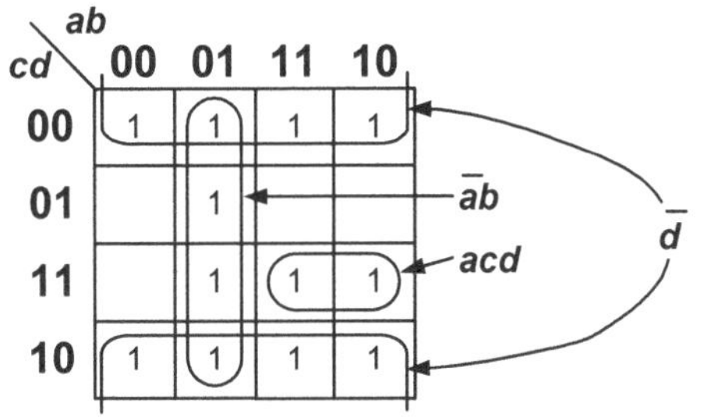

[그림 3.16] $acd+\bar{a}b+\bar{d}$에 대한 카르노 맵

다음으로 [그림 3.17]에 주어진 함수 f_1과 f_2를 간략화시켜 보자. 이 함수들은 최소항 형태로 표현되어 있으므로 [그림 3.14]의 맵을 이용하여 각각의 영역에 "1"들의 위치를 결정할 수 있다. 이렇게 하여 맵을 작성하고 나면, "1"들의 이웃된 모임을 묶을 수 있다. 한 개나 두 개, 혹은 3개의 변수를 소거하기 위해 각각 2개(Pair)나 4개(Quad), 또는 8개의 최소항이 서로 묶여진다. [그림 3.17(a)]에서 열이 $b=1$이고, 행이 $c=0$인 4개의 "1"들의 모임은 $b\bar{c}$로 표현될 수 있다.

[그림 3.17(b)]에서 각기 위치를 달리하는 4개의 구석(Corner)에 있는 "1"들은 열이 $b=0$이고, 행이 $d=0$인 영역에 포함되므로 항은 $\bar{b}\,\bar{d}$로 만들기 위해 묶여진다. 그리고 아래쪽 두 행에 위치한 8개의 "1"들은 항 c로 표시된다. 또한 중간 부분에 위치한 고리로 묶여진 한 쌍의 "1"들은 $ab=01$인 열과 $d=1$인 행에 걸쳐 있으므로 $\bar{a}bd$ 항으로 표시된다.

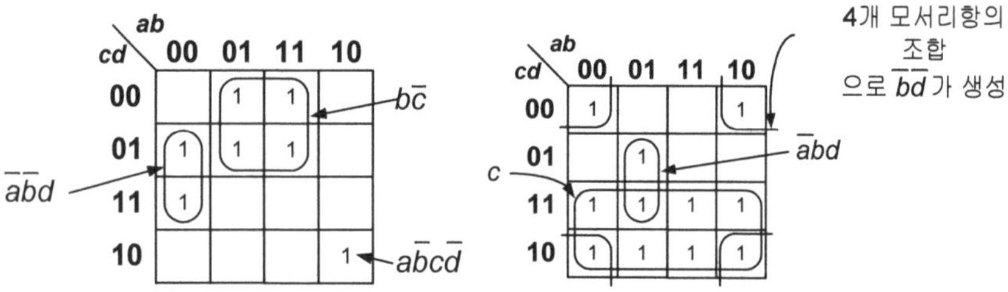

$(a)\ f_1=\sum m(1,3,4,5,10,12,13)$
$=b\bar{c}+\bar{a}\bar{b}d+a\bar{b}c\bar{d}$

$(b)\ f_2=\sum m(0,2,3,5,6,7,8,10,11,14,15)$
$=c+\bar{b}\bar{d}+\bar{a}bd$

[그림 3.17] 입력변수 4개의 논리함수 간략화

카르노 맵 방식은 돈 캐어 상태가 있는 함수에도 쉽게 연장시켜 적용할 수 있다. 필요한 최소항은 맵 상에 "1"로 표시되고 돈 캐어 상태 최소항은 ×로 표시된다. 최소 곱의 합 형태로 만들기 위해 항들을 선택할 때, 모든 "1"들은 이 항들에 포함되어야 하지만, 돈 캐어 ×는 결과를 나타내는 식을 간단히 할 수 있을 때에만 사용된다. [그림 3.18]에서 표현식을 간략화하는데 쓰여진 돈 캐어 상태는 6번 (m_6), 12번(m_{12}), 13번(m_{13})항에 있는 것뿐이다.

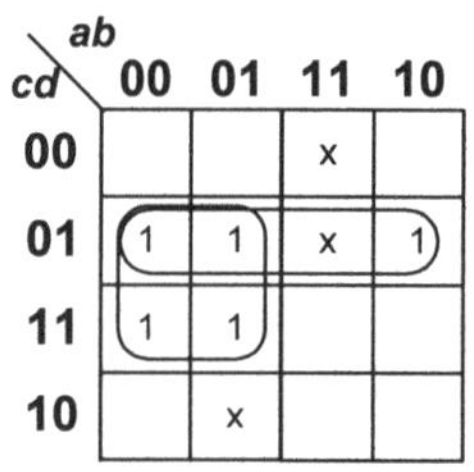

$$f=\sum m(1,3,5,7,9)+\sum d(6,12,13)$$
$$=\bar{a}d+\bar{c}d$$

[그림 3.18] 불완전하게 규정된 함수(돈 캐어)의 간략화

카르노 맵을 이용하여 논리함수에 대한 최소 곱의 합을 찾는 방법중 돈 캐어를 이용하면 최소해를 카르노 맵으로부터 얻을 수 있다. 다음은 카르노 맵에서 논리 최소화 하는 방법을 기술하였다.

※ 카르노 맵을 이용하여 최소화하는 방법
- 가능한 크게 묶을수록 간략화된다.
- 가능하면 겹치지 않게 묶는다.
- 돈 캐어 민텀 x는 표현식을 간단히 할 수 있을 때만 선택적으로 사용한다.

3.5 MAX+PLUS II을 이용한 조합논리회로 설계방법

(1) 설계할 조합논리회로의 동작특성 기술 - 진리표, VHDL

(2) 부울식 추출한다.

(3) 부울식의 논리최소화를 수행한다.
(카르노맵, 퀸&맥클라스키 방법, 큐브방법을 이용한다.)

(4) 논리회로 구현 - MAX+PLUS의 그래픽에디터로 구현

(5) 논리검증 - MAX+PLUS II 의 시뮬레이션으로 검증

(6) PLD 소자로 구현 - MAX+PLUS에서 제공하는 MAX7000소자를 이용

제 4 장

MAX+PLUS II를 이용한 조합논리회로 설계

실험 4.1 반가산기 및 전가산기 설계

반가산기 설계

1비트씩 두 개의 2진수를 더하면 2가지 상태의 출력값이 나온다. 입력은 두 개의 2진수 비트로 구성되고, 출력은 이들 두 개의 비트의 합(Sum)과 자리올림(Carry)으로 구성된다. 이때 합을 S, 자리올림수를 C로 한다면 4가지 상태 중 1+1=01인 상태에서 자리올림수가 발생된다(S=0, C=1). 이와 같은 과정을 수행하는 장치를 반가산기라고 하고 심볼과 진리표는 다음과 같이 된다.

심볼(Symbol)

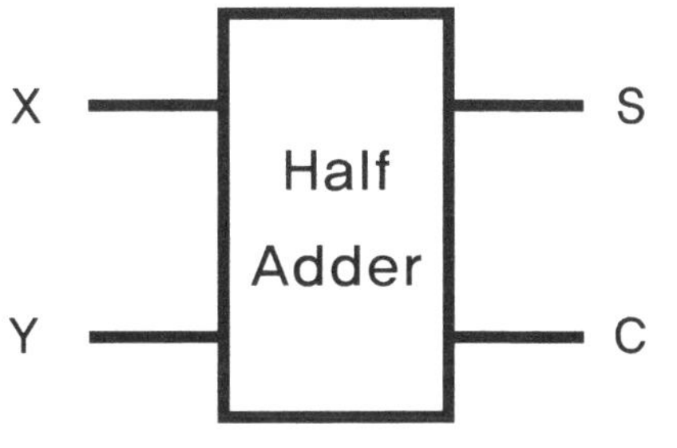

진리표

X	Y	S	C
0	0	0	0
0	1	1	0
1	0	1	0
1	1	0	1

※ 진리표란 설계하고자하는 디지털논리회로의 동작특성을 나타낸 표이다.

부울식 추출

$$S = \overline{X}Y + X\overline{Y} = X \oplus Y$$

$$C = XY$$

회로도(Schematics)

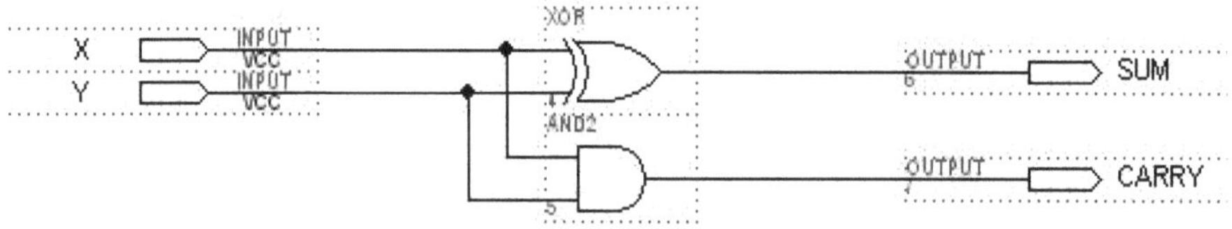

※ 반가산기(HA) 심볼을 만들어 보시오.

시뮬레이션(Simulation)

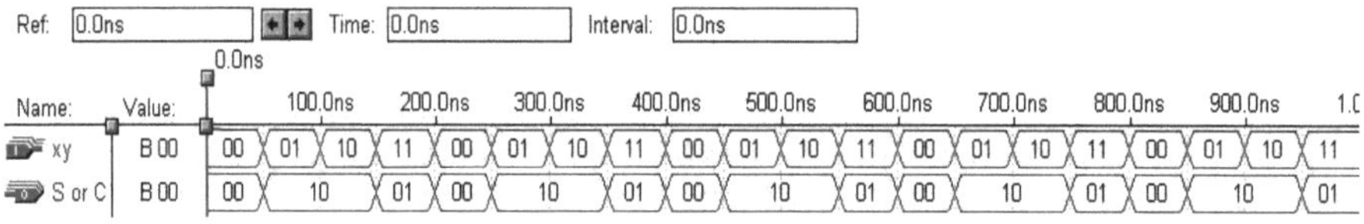

전가산기 설계

전가산기는 3개의 이진수 입력(비트)을 더하여 2개의 이진수 출력(비트)을 생성한다. 즉, 심볼에서 보는 바와 같이 덧셈해야 할 2개의 비트 X, Y와 자리 올림 비트 Ci+1을 고려하여 2개의 출력, 즉 합(S)과 새로운 자리 올림수(Ci+1)를 생성한다. 또한 앞에서 만든 반가산기 심볼 2개을 조합하여 전가산기 회로를 구성할 수 있다.

심볼(Symbol)

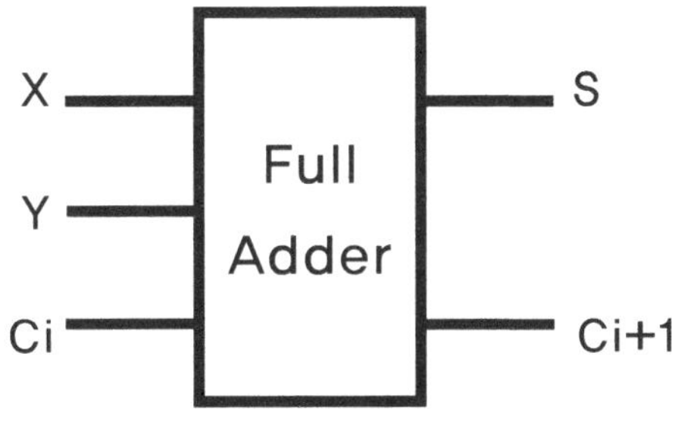

진리표

X	Y	Ci	S	Ci+1
0	0	0	0	0
0	0	1	1	0
0	1	0	1	0
0	1	1	0	1
1	0	0	1	0
1	0	1	0	1
1	1	0	0	1
1	1	1	1	1

부울식 추출

회로도1(Schematics)

회로도2(Schematics)

※ 반가산기심볼(HA) 2개를 조합하여 전가산기회로를 구성하시오

시뮬레이션(Simulation)

※ 전가산기(FA) 심볼을 만들어 보시오.

실험 4.2 반감산기 및 전감산기 설계

반감산기 설계

반감산기는 이진수 X(피감수)에서 Y(감수) 값을 빼어 차(Difference)와 자리빌림(Borrow)을 만들어 내는 회로이다. 이와 같이 작은수에서 큰수를 빼면 자리빌림이 생기는 연산을 수행하는 장치를 반감산기(Half Subtractor)라 하며 심볼과 진리표는 다음과 같다.

심볼(Symbol)

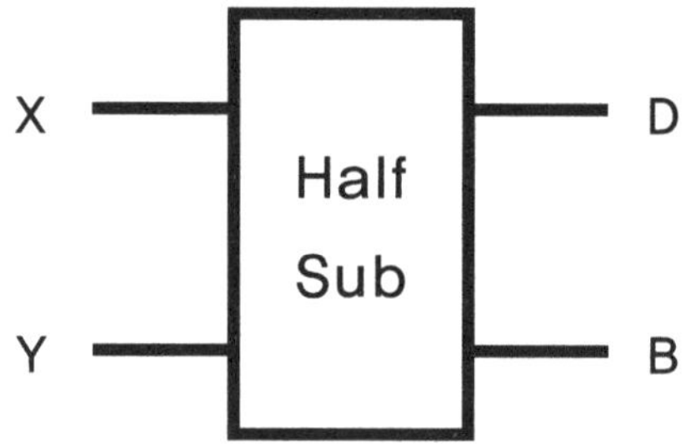

진리표

X	Y	D	B
0	0	0	0
0	1	1	1
1	0	1	0
1	1	0	0

부울식 추출

회로도(Schematics)

※ 반감산기(HS) 심볼을 만들어 보시오.

시뮬레이션(Simulation)

전감산기 설계

반감산기는 피감수 X와 감수 Y만 다루고, 하위 자리에서 빌려간 빌림 수(Bi-1)는 취급하지 않기 때문에 1비트 이진수 감산에만 사용할 수가 있다. 따라서 여러 비트의 이진수에 대해 감산을 수행하려면 하위 자리에서 빌려간 빌림 수(Bi-1)도 고려하여 감산하여야 한다.

두 자리 이상의 이진수를 계산할 수 있는 회로로써, 입력변수인 피감수는 X, 감수는 Y, 아랫자리에서 올라오는 빌림 수(Bi-1)를 감산하여 출력이 차(D)와 자리 빌림(Bi)으로 구성된 회로를 전감산기(FS: Full Subtracter)이라고 하며 심볼과 진리표는 아래와 같다.

심볼(Symbol)

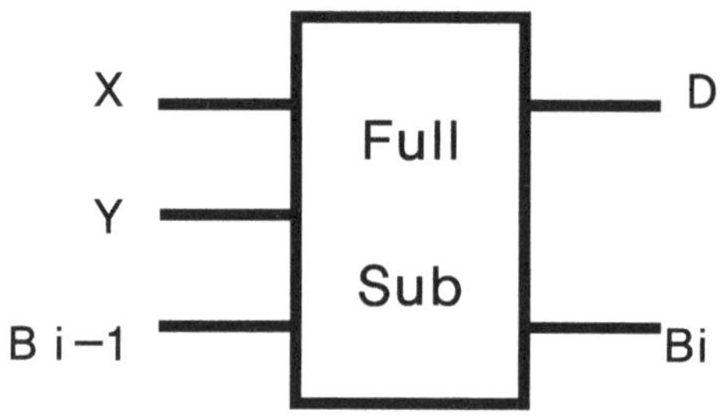

진리표

X	Y	Bi-1	D	Bi
0	0	0		
0	0	1		
0	1	0		
0	1	1		
1	0	0		
1	0	1		
1	1	0		
1	1	1		

부울식 추출

회로도1(Schematics)

회로도2(Schematics)

※ 반감산기 심볼(HS) 2개를 조합하여 전감산기 회로를 구성하시오.

시뮬레이션(Simulation)

※ 전감산기(FS) 심볼을 만들어 보시오.

실험 4.3 3입력 다수결기 설계

입력변수(A,B,C) 3개중에 2개 이상의 입력이 1이면 출력(F)가 1이 되는 회로를 3입력 다수결기라 한다.

심볼(Symbol)

진리표

A	B	C	F
0	0	0	
0	0	1	
0	1	0	
0	1	1	
1	0	0	
1	0	1	
1	1	0	
1	1	1	

부울식 추출

$F=$

논리 최소화

A \ BC	00	01	11	10
0				
1				

$F=$

회로도(Schematics)

시뮬레이션(Simulation)

실험 4.4 2비트 가산기 설계 1

앞에서 배운 반가산기와 전가산기의 기본개념과 동작특성을 잘 이해하여 가수인 2비트 AB입력과 피가수인 2비트 CD 입력를 더하는 2비트 가산기를 설계하는 것이 중요하다.

심볼(Symbol)

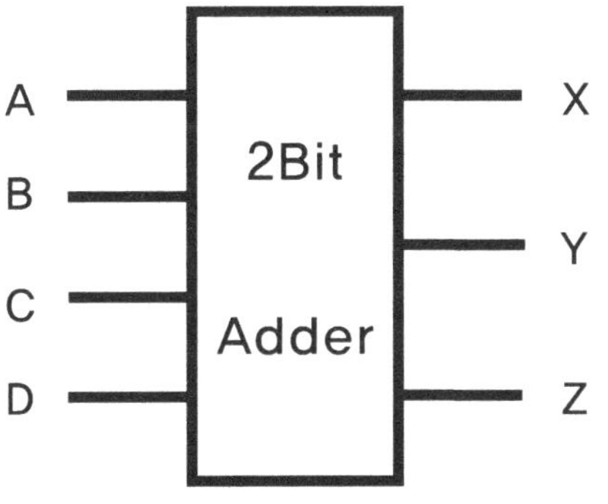

진리표

A	B	C	D	X	Y	Z
0	0	0	0			
0	0	0	1			
0	0	1	0			
0	0	1	1			
0	1	0	0			
0	1	0	1			
0	1	1	0			
0	1	1	1			
1	0	0	0			
1	0	0	1			
1	0	1	0			
1	0	1	1			
1	1	0	0			
1	1	0	1			
1	1	1	0			
1	1	1	1			

부울식 추출

논리 최소화

CD \ AB	00	01	11	10
00				
01				
11				
10				

$X=$

CD \ AB	00	01	11	10
00				
01				
11				
10				

$Y=$

CD \ AB	00	01	11	10
00				
01				
11				
10				

$Z=$

회로도(Schematics)

시뮬레이션(Simulation)

실험 4.5 2비트 가산기 설계 2

앞에서 설계한 2비트 가산기 설계1에서 설계한 방법을 활용하여 논리최소화 방법을 달리한다면 좀더 적은 수의 논리게이트를 이용하여 2비트 가산기를 설계할 수 있다. 또한 논리최소화 결과 출력 Z는 XOR 게이트로 대체할 수 있다.

심볼(Symbol)

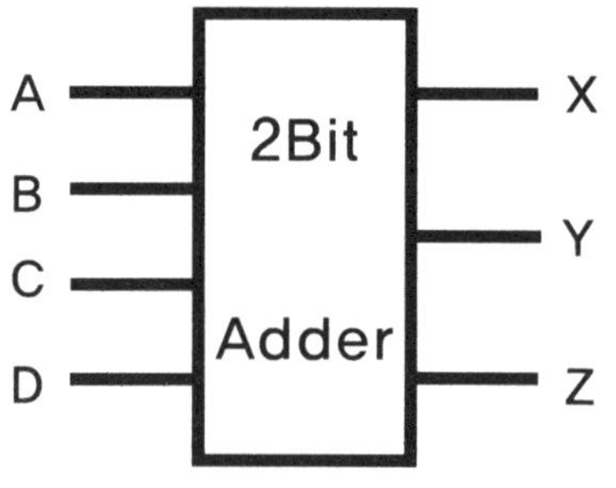

진리표

A	B	C	D	X	Y	Z
0	0	0	0			
0	0	0	1			
0	0	1	0			
0	0	1	1			
0	1	0	0			
0	1	0	1			
0	1	1	0			
0	1	1	1			
1	0	0	0			
1	0	0	1			
1	0	1	0			
1	0	1	1			
1	1	0	0			
1	1	0	1			
1	1	1	0			
1	1	1	1			

부울식 추출

$X =$

$Y =$

$Z =$

논리 최소화

$X =$

$Y =$

$Z =$

회로도(Schematics)

시뮬레이션(Simulation)

실험 4.6 2비트 감산기 설계 1

앞에서 배운 반감산기와 전감산기의 동작특성을 이용하여 2비트 감산은 피감수 AB 2비트와 감수 CD 2비트를 빼서 피감수비트가 감수비트보다 적으면 자리빌림이 발생하여 음수가 되고 그렇지 않으면 자리빌림은 발생하지 않는다.

심볼(Symbol)

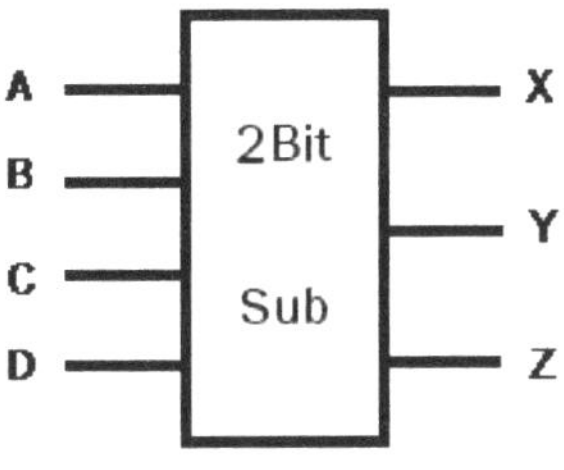

진리표

A	B	C	D	X	Y	Z
0	0	0	0			
0	0	0	1			
0	0	1	0			
0	0	1	1			
0	1	0	0			
0	1	0	1			
0	1	1	0			
0	1	1	1			
1	0	0	0			
1	0	0	1			
1	0	1	0			
1	0	1	1			
1	1	0	0			
1	1	0	1			
1	1	1	0			
1	1	1	1			

부울식 추출

$X=$

$Y=$

$Z=$

논리 최소화

AB \ CD	00	01	11	10
00				
01				
11				
10				

$X=$

AB \ CD	00	01	11	10
00				
01				
11				
10				

$Y=$

AB \ CD	00	01	11	10
00				
01				
11				
10				

$Z=$

회로도(Schematics)

시뮬레이션(Simulation)

실험 4.7 2비트 감산기 설계 2

실험 5-6에서 설계한 방법을 응용하여 다양한 게이트들을 이용한다면 적은 수의 논리게이트를 이용하여 2비트 감산기를 설계할 수 있다.

심볼(Symbol)

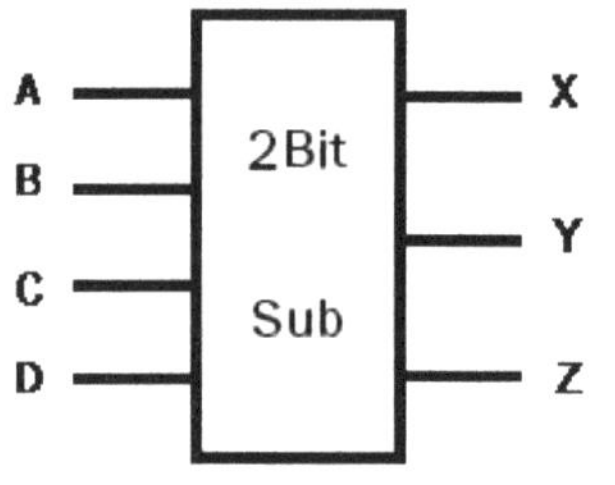

진리표

A	B	C	D	X	Y	Z
0	0	0	0			
0	0	0	1			
0	0	1	0			
0	0	1	1			
0	1	0	0			
0	1	0	1			
0	1	1	0			
0	1	1	1			
1	0	0	0			
1	0	0	1			
1	0	1	0			
1	0	1	1			
1	1	0	0			
1	1	0	1			
1	1	1	0			
1	1	1	1			

부울식 추출

$X=$

$Y=$

$Z=$

논리 최소화

CD \ AB	00	01	11	10
00				
01				
11				
10				

$X=$

CD \ AB	00	01	11	10
00				
01				
11				
10				

$Y=$

CD \ AB	00	01	11	10
00				
01				
11				
10				

$Z=$

회로도(Schematics)

시뮬레이션(Simulation)

실험 4.8 2비트 곱셈기 설계

곱셈기의 기본개념은 두 이진수 값을 곱하는 하드웨어 회로이다. 2비트 곱셈기는 피승수 AB와 승수 CD을 곱하는 논리회로로 출력비트 값은 2비트의 2배인 4비트가 필요하며 시뮬레이션을 통해 동작검증을 수행한다.

심볼(Symbol)

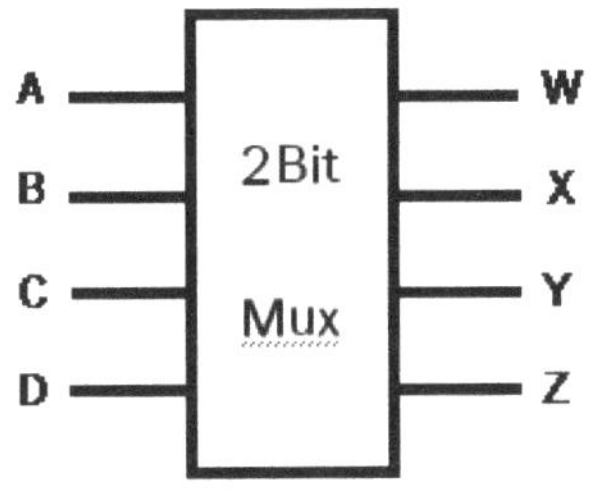

진리표

입 력				출 력			
A	B	C	D	W	X	Y	Z
0	0	0	0				
0	0	0	1				
0	0	1	0				
0	0	1	1				
0	1	0	0				
0	1	0	1				
0	1	1	0				
0	1	1	1				
1	0	0	0				
1	0	0	1				
1	0	1	0				
1	0	1	1				
1	1	0	0				
1	1	0	1				
1	1	1	0				
1	1	1	1				

부울식 추출

$W=$

$X=$

$Y=$

$Z=$

논리 최소화

CD \ AB	00	01	11	10
00				
01				
11				
10				

$W=$

CD \ AB	00	01	11	10
00				
01				
11				
10				

$X=$

CD \ AB	00	01	11	10
00				
01				
11				
10				

$Y=$

CD \ AB	00	01	11	10
00				
01				
11				
10				

$Z=$

회로도(Schematics)

시뮬레이션(Simulation)

실험 4.9 2비트 제산기 설계

제산기의 기본개념은 두 이진수 값을 나누는 하드웨어 회로이다. 2비트 제산기는 피제수 AB와 제수 CD을 나누어 몫과 나머지를 구하는 논리회로로 출력비트 값은 4비트가 필요하며 시뮬레이션을 통해 동작검증을 수행한다.

심볼(Symbol)

진리표

입 력				몫		나머지	
A	B	C	D	W	X	Y	Z
0	0	0	0				
0	0	0	1				
0	0	1	0				
0	0	1	1				
0	1	0	0				
0	1	0	1				
0	1	1	0				
0	1	1	1				
1	0	0	0				
1	0	0	1				
1	0	1	0				
1	0	1	1				
1	1	0	0				
1	1	0	1				
1	1	1	0				
1	1	1	1				

부울식 추출

$W=$

$X=$

$Y=$

$Z=$

논리 최소화

CD \ AB	00	01	11	10
00				
01				
11				
10				

$W-$

CD \ AB	00	01	11	10
00				
01				
11				
10				

$X=$

CD \ AB	00	01	11	10
00				
01				
11				
10				

$Y=$

CD \ AB	00	01	11	10
00				
01				
11				
10				

$Z=$

회로도(Schematics)

시뮬레이션(Simulation)

실험 4.10 2비트 선택 비교기 설계

비교기는 두 개의 이진수를 비교하는 조합논리회로로 한수가 다른수 보다 더큰지, 작은지 또는 같은지 결정하는 조합논리회로이다. 이번 실습에서는 두 개의 2비트를 비교하여 2가지 결과만 선택하여 비교하도록 설계하고자 한다.

심볼(Symbol)

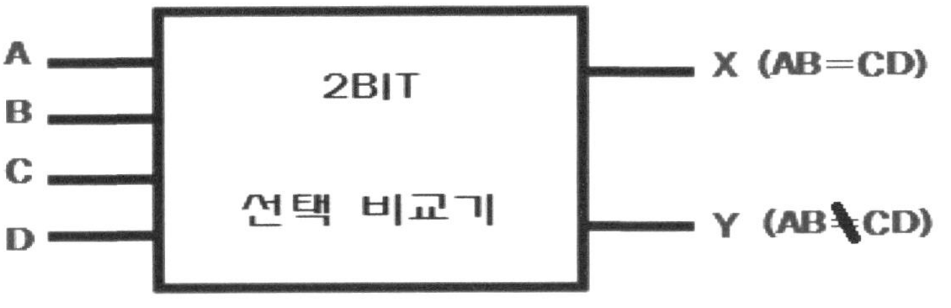

진리표

A	B	C	D	X	Y
0	0	0	0		
0	0	0	1		
0	0	1	0		
0	0	1	1		
0	1	0	0		
0	1	0	1		
0	1	1	0		
0	1	1	1		
1	0	0	0		
1	0	0	1		
1	0	1	0		
1	0	1	1		
1	1	0	0		
1	1	0	1		
1	1	1	0		
1	1	1	1		

부울식 추출

$X=$

$Y=$

논리 최소화

CD \ AB	00	01	11	10
00				
01				
11				
10				

$X=$

CD \ AB	00	01	11	10
00				
01				
11				
10				

$Y=$

회로도(Schematics)

시뮬레이션(Simulation)

실험 4.11 2비트 비교기 설계

2비트 비교기는 이진수 2비트 AB와 CD를 서로 비교하여 같은지(E), 더큰지(G), 작은지(L)를 결정하는 조합논리회로이다. 본 실습에서는 앞에서 실습한 2비트 선택비교기를 활용하여 2비트 비교기를 설계하고자 한다. 이러한 비교기는 주로 게이트 자동 검사기, 다중입력 디지털 비교기 등에 사용된다.

심볼(Symbol)

진리표

A	B	C	D	E	L	G
0	0	0	0			
0	0	0	1			
0	0	1	0			
0	0	1	1			
0	1	0	0			
0	1	0	1			
0	1	1	0			
0	1	1	1			
1	0	0	0			
1	0	0	1			
1	0	1	0			
1	0	1	1			
1	1	0	0			
1	1	0	1			
1	1	1	0			
1	1	1	1			

부울식 추출

$E=$

$L=$

$G=$

논리 최소화

CD \ AB	00	01	11	10
00				
01				
11				
10				

$E=$

CD \ AB	00	01	11	10
00				
01				
11				
10				

$L=$

CD \ AB	00	01	11	10
00				
01				
11				
10				

$G=$

회로도(Schematics)

시뮬레이션(Simulation)

실험 4.12 BCD-1초과 코드 변환기 설계

BCD는 Binary Coded Decimal의 약자로서 이진코드의 십진화를 의미합니다.

BCD코드란 2진수는 컴퓨터 같은 디지털 시스템에는 좋지만 그것을 사용하는 사용자(사람)에게는 매우 불편하기 때문에 2진수를 사람들이 편하게 사용할 수 있는 10진수의 형태로 창안한 것이 바로 BCD코드입니다.

일반적으로 BCD 코드란 8421코드를 의미하며 10진수의 한자리 수인 0~9까지만을 숫자로 표현한다. 따라서 BCD코드를 다른 코드로 변환해주는 장치를 코드 변환기(Code Converter)라고 하며 코드변환기는 2진수로 되어 있는 어떤 코드를 다른 종류의 코드로 바꾸어 주는 조합논리회로이다.

이번 실습에서는 입력이 4개이고 출력이 4개인 BCD 코드를 1을 더해 출력이 1이 플러스 되어 나오는 BCD-1 초과코드 설계하고자 한다.

(9 이상은 Don't Care로 표시)

심볼(Symbol)

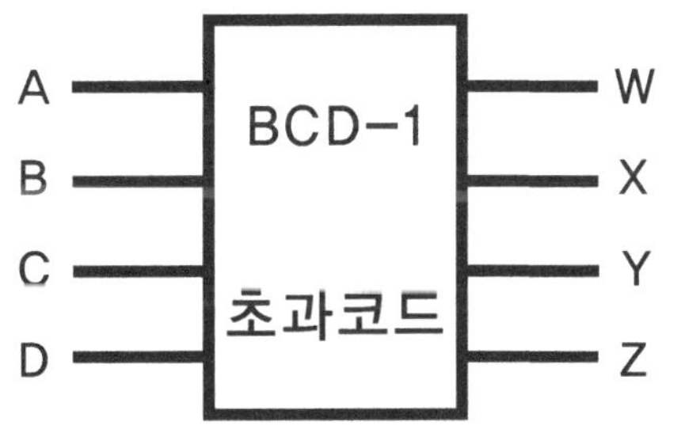

진리표

BCD 코드				1초과 코드			
A	B	C	D	W	X	Y	Z
0	0	0	0				
0	0	0	1				
0	0	1	0				
0	0	1	1				
0	1	0	0				
0	1	0	1				
0	1	1	0				
0	1	1	1				
1	0	0	0				
1	0	0	1				
1	0	1	0				
1	0	1	1				
1	1	0	0				
1	1	0	1				
1	1	1	0				
1	1	1	1				

부울식 추출

$W=$

$X=$

$Y=$

$Z=$

돈 캐어(Don't Care)를 고려하지 않은 경우

논리최소화

CD \ AB	00	01	11	10
00				
01				
11				
10				

$W=$

CD \ AB	00	01	11	10
00				
01				
11				
10				

$X=$

CD \ AB	00	01	11	10
00				
01				
11				
10				

$Y=$

CD \ AB	00	01	11	10
00				
01				
11				
10				

$Z=$

회로도(Schematics)

시뮬레이션(Simulation)

돈 캐어(Don't Care)를 고려한 경우

논리최소화

CD \ AB	00	01	11	10
00				
01				
11				
10				

$W=$

CD \ AB	00	01	11	10
00				
01				
11				
10				

$X=$

CD \ AB	00	01	11	10
00				
01				
11				
10				

$Y=$

CD \ AB	00	01	11	10
00				
01				
11				
10				

$Z=$

회로도(Schematics)

시뮬레이션(Simulation)

실험 4.13 BCD-3초과 코드 변환기 설계

BCD 3초과 코드는 8421 코드에 3를 더한 코드로 3초과 코드라고 하며 보수 변환을 가능하게 하여 뺄셈에 사용할 수 있도록 해 준다. 이번 실습에 서는 입력이 4개이고 출력이 4개인 BCD 코드에 3을 더하여 출력이 나오는 BCD 3 초과 코드 설계하고자 한다. (9 이상은 Don't Care로 표시)

심볼(Symbol)

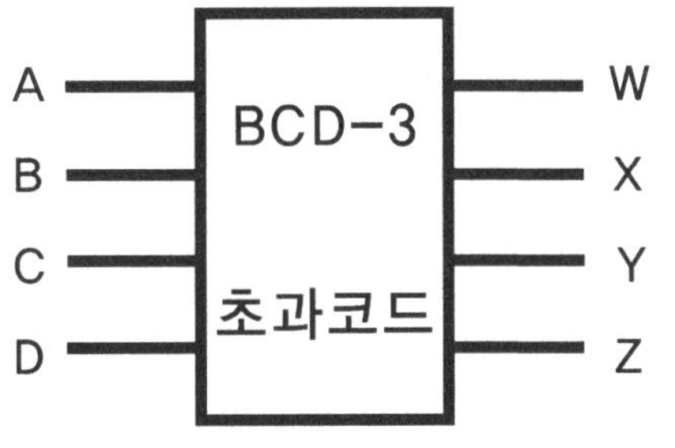

진리표

A	B	C	D	W	X	Y	Z
0	0	0	0				
0	0	0	1				
0	0	1	0				
0	0	1	1				
0	1	0	0				
0	1	0	1				
0	1	1	0				
0	1	1	1				
1	0	0	0				
1	0	0	1				
1	0	1	0				
1	0	1	1				
1	1	0	0				
1	1	0	1				
1	1	1	0				
1	1	1	1				

부울식 추출

$W=$

$X=$

$Y=$

$Z=$

돈 캐어(Don't Care)를 고려하지 않은 경우

논리 최소화

CD \ AB	00	01	11	10
00				
01				
11				
10				

$W=$

CD \ AB	00	01	11	10
00				
01				
11				
10				

$X=$

CD \ AB	00	01	11	10
00				
01				
11				
10				

$Y=$

CD \ AB	00	01	11	10
00				
01				
11				
10				

$Z=$

회로도(Schematics)

시뮬레이션(Simulation)

돈 캐어(Don't Care)를 고려한 경우

논리 최소화

CD \ AB	00	01	11	10
00				
01				
11				
10				

$W=$

CD \ AB	00	01	11	10
00				
01				
11				
10				

$X=$

CD \ AB	00	01	11	10
00				
01				
11				
10				

$Y=$

CD \ AB	00	01	11	10
00				
01				
11				
10				

$Z=$

회로도(Schematics)

시뮬레이션(Simulation)

실험 4.14 2진수 to 그레이 코드 변환기 설계

그레이(Gray) 코드는 가중치가 없는 코드이기 때문에 연산에는 부적당하다. 대신에 AD 변환기나 데이터 전송, 입출력 장치의 코드로 주로 사용한다. 그레이 코드의 특징은 연속되는 코드들간에 하나의 비트만 변화하여 새로운 코드가 만들어져 입력코드로 사용하면 오차가 적어지는 특징이 있다. 이번 실습에서는 입력이 4개이고 출력이 4개인 이진수를 그레이코드로 변환하는 코드변환기를 설계하고자 한다. (9이상은 Don't Care로 표시)

심볼(Symbol)

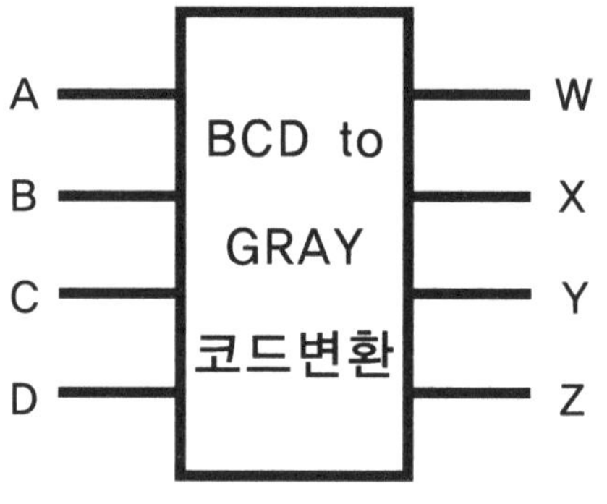

진리표

10진수	A	B	C	D	W	X	Y	Z
0	0	0	0	0				
1	0	0	0	1				
2	0	0	1	0				
3	0	0	1	1				
4	0	1	0	0				
5	0	1	0	1				
6	0	1	1	0				
7	0	1	1	1				
8	1	0	0	0				
9	1	0	0	1				
10	1	0	1	0				
11	1	0	1	1				
12	1	1	0	0				
13	1	1	0	1				
14	1	1	1	0				
15	1	1	1	1				

부울식 추출

$W=$

$X=$

$Y=$

$Z=$

논리 최소화

CD \ AB	00	01	11	10
00				
01				
11				
10				

$W=$

CD \ AB	00	01	11	10
00				
01				
11				
10				

$X=$

CD \ AB	00	01	11	10
00				
01				
11				
10				

$Y=$

CD \ AB	00	01	11	10
00				
01				
11				
10				

$Z=$

회로도(Schematics)

시뮬레이션(Simulation)

실험 4.15 HEX TO ASCII 코드 변환기 설계

ASCII 코드는 미국 표준코드(American Standard Code)로 숫자, 문자, 특수문자 등을 표현할 수 있는 7비트로 구성된 코드이며 3개의 존비트와 4개의 숫자비트로 구성되어 있다. 또한 패리티비트를 추가하여 8자리의 2진코드로 많이 사용한다. 이번 실습에서는 HEX를 ASCII 코드로 변환하는 코드변환기를 설계하고자 한다.

심볼(Symbol)

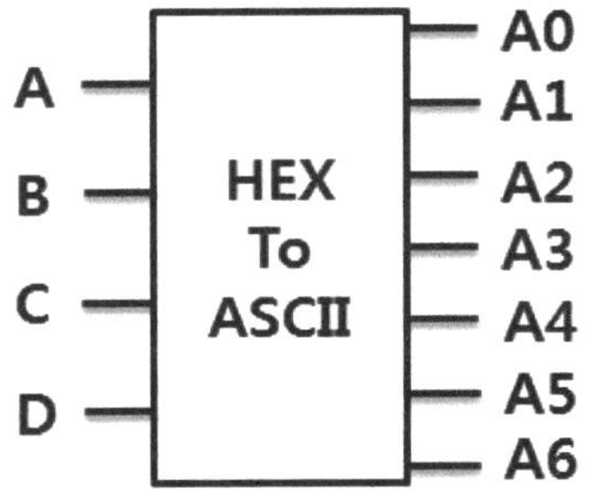

진리표

HEX	A	B	C	D	A6	A5	A4	A3	A2	A1	A0
0	0	0	0	0							
1	0	0	0	1							
2	0	0	1	0							
3	0	0	1	1							
4	0	1	0	0							
5	0	1	0	1							
6	0	1	1	0							
7	0	1	1	1							
8	1	0	0	0							
9	1	0	0	1							
A	1	0	1	0							
B	1	0	1	1							
C	1	1	0	0							
D	1	1	0	1							
E	1	1	1	0							
F	1	1	1	1							

부울식 추출

$A6 =$

$A5 =$

$A4 =$

$A3 =$

$A2 =$

$A1 =$

$A0 =$

논리 최소화

CD \ AB	00	01	11	10
00				
01				
11				
10				

$A6 =$

CD \ AB	00	01	11	10
00				
01				
11				
10				

$A5 =$

CD \ AB	00	01	11	10
00				
01				
11				
10				

$A4 =$

CD \ AB	00	01	11	10
00				
01				
11				
10				

$A3 =$

CD \ AB	00	01	11	10
00				
01				
11				
10				

$A2 =$

CD \ AB	00	01	11	10
00				
01				
11				
10				

$A1 =$

CD \ AB	00	01	11	10
00				
01				
11				
10				

$A0 =$

회로도(Schematics)

시뮬레이션(Simulation)

실험 4.16 HEX TO 7SEGMENT 코드 변환기 설계

7 세그먼트는 디지털시스템 내부의 데이터를 10진수로 변환하여 출력하는 방법 중에 가장 일반적인 출력장치이다. 이번 실습에서는 입력이 4개인 HEX값(0~9, A~F)을 7세그먼트로 출력되는 코드변환기를 설계하고자 한다.

심볼(Symbol)

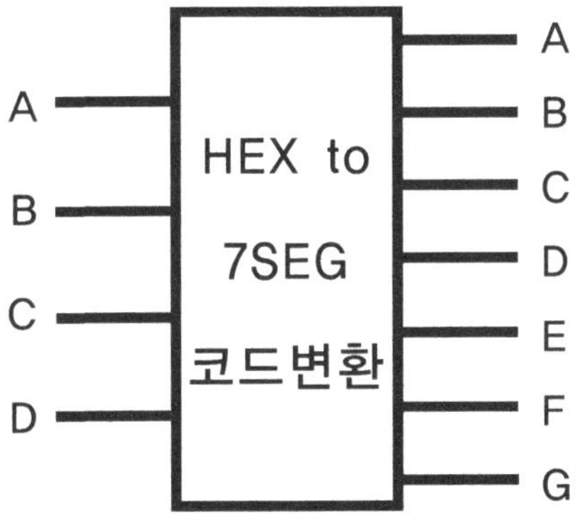

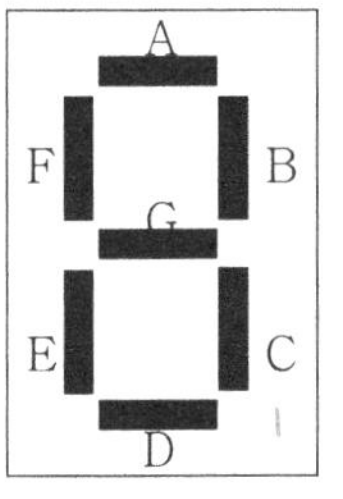

진리표

HEX	A	B	C	D	G	F	E	D	C	B	A	Result
0	0	0	0	0								
1	0	0	0	1								
2	0	0	1	0								
3	0	0	1	1								
4	0	1	0	0								
5	0	1	0	1								
6	0	1	1	0								
7	0	1	1	1								
8	1	0	0	0								
9	1	0	0	1								
A	1	0	1	0								
B	1	0	1	1								
C	1	1	0	0								
D	1	1	0	1								
E	1	1	1	0								
F	1	1	1	1								

부울식 추출

$G=$

$F=$

$E=$

$D=$

$C=$

$B=$

$A=$

◆ 논리 최소화

CD \ AB	00	01	11	10
00				
01				
11				
10				

$A6 =$

CD \ AB	00	01	11	10
00				
01				
11				
10				

$A5 =$

CD \ AB	00	01	11	10
00				
01				
11				
10				

$A4 =$

CD \ AB	00	01	11	10
00				
01				
11				
10				

$A3 =$

CD \ AB	00	01	11	10
00				
01				
11				
10				

$A2 =$

CD \ AB	00	01	11	10
00				
01				
11				
10				

$A1 =$

CD \ AB	00	01	11	10
00				
01				
11				
10				

$A0 =$

회로도(Schematics)

시뮬레이션(Simulation)

실험 4.17 3X4 디코더 설계

디코더(decoder : 복호기)는 원래 암호를 해독하는 의미를 지니고 있다.

인코더와는 반대로 n개의 입력으로 들어오는 데이터를 받아 그것을 숫자로 보고 2^n개의 출력회선 중 그 숫자에 해당되는 번호에만 '1'를 내보내고 나머지는 모두 '0'을 내보내는 조합회로이다.

본 실습에서는 2개의 입력신호 A0, A1과 Enable 신호을 이용하여 8개의 데이터를 출력하는 조합논리회로를 설계하고자 한다.

(기본 2x4 디코더인 2개를 이용하여 설계할 수 있다)

심볼(Symbol)

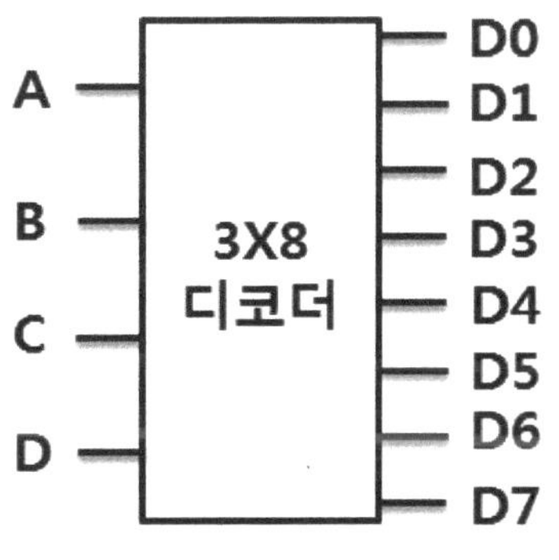

진리표

10진수	E	A1	A0	D7	D6	D5	D4	D3	D2	D1	D0
0	0	0	0								
1	0	0	1								
2	0	1	0								
3	0	1	1								
4	1	0	0								
5	1	0	1								
6	1	1	0								
7	1	1	1								

부울식 추출

$D7 =$

$D6 =$

$D5 =$

$D4 =$

$D3 =$

$D2 =$

$D1 =$

$D0 =$

논리 최소화

E \ A1A0	00	01	11	10
0				
1				

$D7 =$

E \ A1A0	00	01	11	10
0				
1				

$D6 =$

E \ A1A0	00	01	11	10
0				
1				

$D5 =$

E \ A1A0	00	01	11	10
0				
1				

$D4 =$

E \ A1A0	00	01	11	10
0				
1				

$D3 =$

E \ A1A0	00	01	11	10
0				
1				

$D2 -$

E \ A1A0	00	01	11	10
0				
1				

$D1 =$

E \ A1A0	00	01	11	10
0				
1				

$D0 =$

2×4 디코더 2개를 사용하여 설계

회로도(Schematics)

시뮬레이션(Simulation)

OR GATE를 사용하여 설계

회로도(Schematics)

시뮬레이션(Simulation)

실험 4.18 1비트 산술논리연산장치(ALU) 설계 1

ALU(Arithmetic Logic Unit)는 중앙처리장치(CPU)내에 있는 연산장치로 2진수 데이터를 연산한다. 다시 말해 CPU내의 제어신호(S0,S1,S2)와 더불어 중심적인 역할을 하는 장치로 산술연산과 논리연산을 행한다.

연산방법은 어큐뮬레이터의 내용과 메모리의 내용 또는 레지스터와 레지스터의 내용이 연산되고 결과는 어큐뮬레이터에 남는다. 산술연산에는 사칙연산이 있으며 논리연산에는 AND, OR, XOR, NAND등이 있다.

심볼(Symbol)

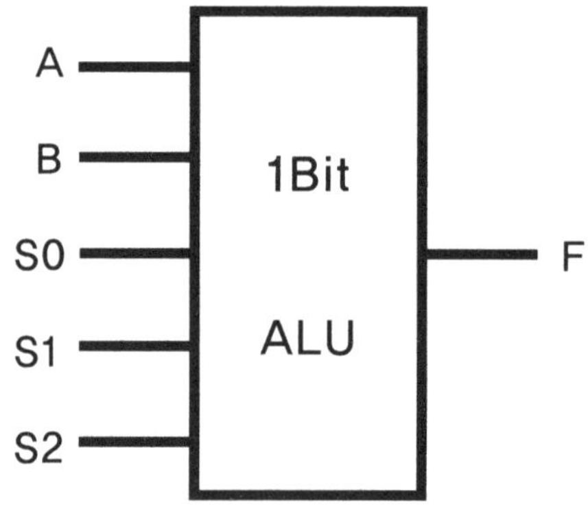

ALU의 연산기능표

A	B	S0	S1	S2	Function	
0	0	0	0	0	1	산술 연산
0	1	0	0	1	A+B	
1	0	0	1	0	A−B	
1	1	0	1	1	A	
0	0	1	0	0	OR	논리 연산
0	1	1	0	1	AND	
1	0	1	1	0	XOR	
1	1	1	1	1	NAND	

진리표

입 력					출 력	기 능
S0	S1	S2	A	B	F	
0	0	0	0	0		1
0	0	0	0	1		
0	0	0	1	0		
0	0	0	1	1		
0	0	1	0	0		A + B
0	0	1	0	1		
0	0	1	1	0		
0	0	1	1	1		
0	1	0	0	0		A − B
0	1	0	0	1		
0	1	0	1	0		
0	1	0	1	1		
0	1	1	0	0		A
0	1	1	0	1		
0	1	1	1	0		
0	1	1	1	1		
1	0	0	0	0		OR
1	0	0	0	1		
1	0	0	1	0		
1	0	0	1	1		
1	0	1	0	0		AND
1	0	1	0	1		
1	0	1	1	0		
1	0	1	1	1		
1	1	0	0	0		XOR
1	1	0	0	1		
1	1	0	1	0		
1	1	0	1	1		
1	1	1	0	0		NAND
1	1	1	0	1		
1	1	1	1	0		
1	1	1	1	1		

부울식 추출

$F=$

논리 최소화

$F=$

회로도(Schematics)

시뮬레이션(Simulation)

실험 4.19 1비트 산술논리연산장치(ALU) 설계 2

심볼(Symbol)

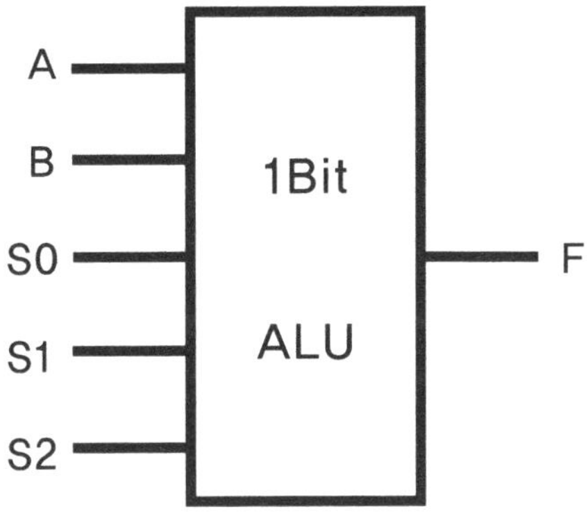

ALU의 연산기능표

A	B	S0	S1	S2	Function
0	0	0	0	0	A + B
0	1	0	0	1	A − B
1	0	0	1	0	A * B
1	1	0	1	1	A / B
0	0	1	0	0	XNOR
0	1	1	0	1	AND
1	0	1	1	0	NOR
1	1	1	1	1	NAND

진리표

입 력					출 력	기 능
S0	S1	S2	A	B	F	
0	0	0	0	0		A + B
0	0	0	0	1		
0	0	0	1	0		
0	0	0	1	1		
0	0	1	0	0		A − B
0	0	1	0	1		
0	0	1	1	0		
0	0	1	1	1		
0	1	0	0	0		A * B
0	1	0	0	1		
0	1	0	1	0		
0	1	0	1	1		
0	1	1	0	0		A / B
0	1	1	0	1		
0	1	1	1	0		
0	1	1	1	1		
1	0	0	0	0		A XNOR B
1	0	0	0	1		
1	0	0	1	0		
1	0	0	1	1		
1	0	1	0	0		A AND B
1	0	1	0	1		
1	0	1	1	0		
1	0	1	1	1		
1	1	0	0	0		A NOR B
1	1	0	0	1		
1	1	0	1	0		
1	1	0	1	1		
1	1	1	0	0		A NAND B
1	1	1	0	1		
1	1	1	1	0		
1	1	1	1	1		

부울식 추출

$F=$

논리 최소화

$F=$

회로도(Schematics)

시뮬레이션(Simulation)

제 5 장

순차논리회로 설계방법

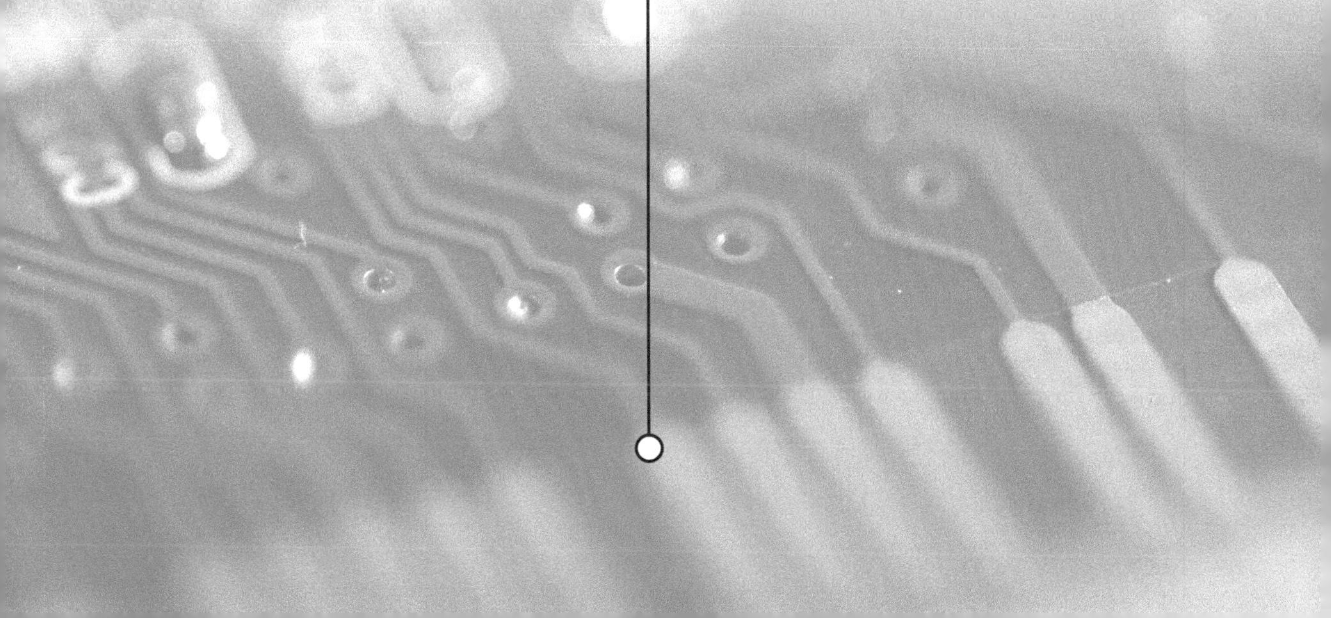

5.1 순차논리회로 개요

(1) 순차논리회로의 개요

조합논리회로는 현재입력의 조합에 의해 출력이 결정되지만 순차논리회로는 현재입력과 현재상태(현재출력)가 다음상태(출력)을 결정한다. 따라서 순차논리회로에서는 회로의 상태를 기억 할 수 있는 플립플롭(flip-flop)이라는 기억소자가 필요하며 동작특성은 [그림 5.1]과 같다.

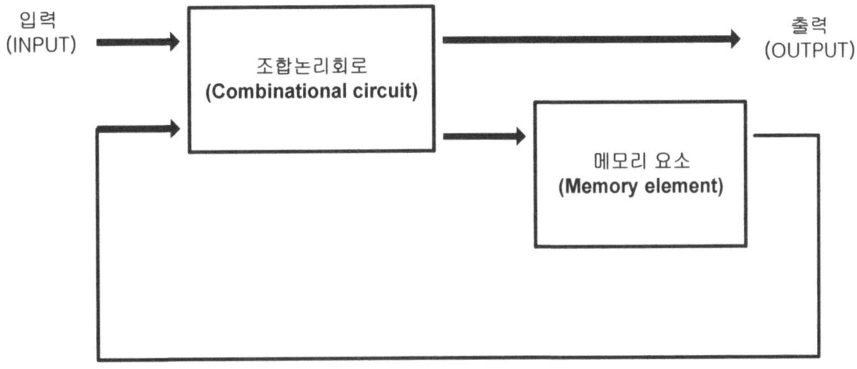

[그림 5.1] 순차논리회로

순차논리회로는 크게 동기식과 비동기식으로 나눌 수 있는데 동기식 카운터는 비동기 카운터인 리플 카운터보다 회로가 복잡하고 크다는 단점은 있으나, 속도가 매우 빠르다는 장점을 가지고 있어 동기식 카운터가 많이 사용되고 있다. 반면에 비동기 카운터는 동기식 카운터 회로에 비해 회로가 간단하다는 장점은 있으나, 클럭 신호가 각 플립플롭(Flip Flop)에 병렬로 동시에 인가되는 동기식 카운터에 비해 속도가 느리다는 단점이 있다.

(2) 기억소자

기억소자는 순차논리회로에서 현재의 상태값을 저장하기 위해 사용하며 래치(Latch)와 플립플롭(Flip-Flop) 두가지 종류가 있다.

① 래치(Latch)

비동기식으로 클럭을 사용하지 않으며 회로가 간단하다.

② 플립플롭(Flop-Flip)

동기식으로 클럭을 사용하며 출력은 클럭이 천이될 때 결정된다.

5.2 플립플롭(Flip-Flop)의 종류 및 특성

(1) R/S 플립플롭

RS 플립플롭(flip-flop)은 2개의 NOR 혹은 2개의 NAND 회로의 조합으로 구성(주로 NOR가 사용) 되어 있으며 2개의 출력단자를 갖고 있다. 이들 두 출력의 상태는 항상 반대이다. 입력은 출력을 Set(1상태)시키는 기능과 Reset (0상태) 시키는 기능을 갖는 2개의 단자로 구성된다.

[표 5-1] RS 플립플롭의 여기표

S	R	Q	Q(t+1)
0	0	0	0
0	1	0	0
1	0	0	1
1	1	0	불안정
0	0	1	1
0	1	1	0
1	0	1	1
1	1	1	불안정

0 → 0(0X) → 1(10) → 1(X0) → 0(01)

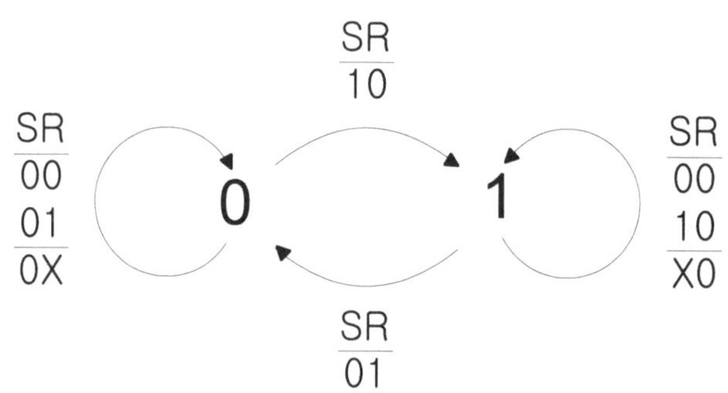

[그림 5.2] RS 플립플롭의 동작특성

(2) JK 플립플롭

JK 플립플롭(Flip Flop)은 RS 플립플롭과 유사한 동작 특성을 가지고 있다. 단지 RS Flip Flop의 경우 RS 입력이 "11"이 인가되었을 경우 동작 오류를 나타내는 반면 JK 플립플롭의 경우는 JK 입력이 "11"이 인가되어도 다음 상태는 토글(toggle : 상태전환) 된다는 것이다.

[표 5-2] JK 플립플롭의 여기표

J	K	Q	Q(t+1)
0	0	0	0
0	0	1	1
0	1	0	0
0	1	1	0
1	0	0	1
1	0	1	1
1	1	0	1
1	1	1	0

특성방정식 : Q(t+1) = J/Q + /KQ

0 → 0(0X) → 1(1X) → 1(X0) → 0(X1)

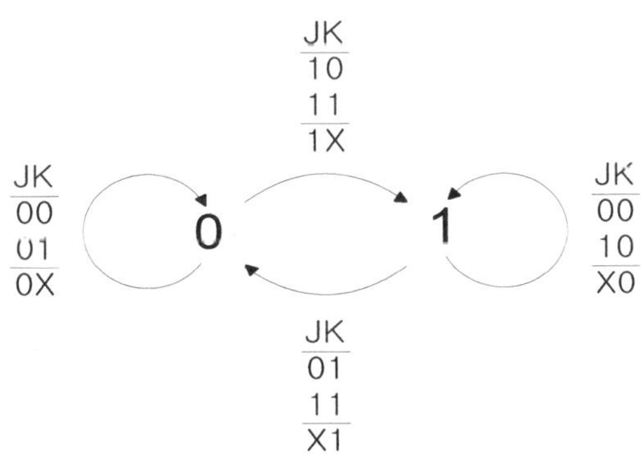

[그림 5.3] JK 플립플롭의 동작특성

(3) D 플립플롭(Flip Flop)

D 플립플롭은 단일 입력 D을 가지고 있으며, 두 개의 출력 Q, /Q으로 구성되어 있다. 플립플롭의 동작 특성은 현재입력 값이 다음상태의 값이 된다는 것이다.

[표 5-3] D 플립플롭의 여기표

D	Q	Q(t+1)
0	0	0
0	1	0
1	0	1
1	1	1

특성방정식 : Q(t+1) = D

0 → 0(0) → 1(1) → 1(1) → 0(0)

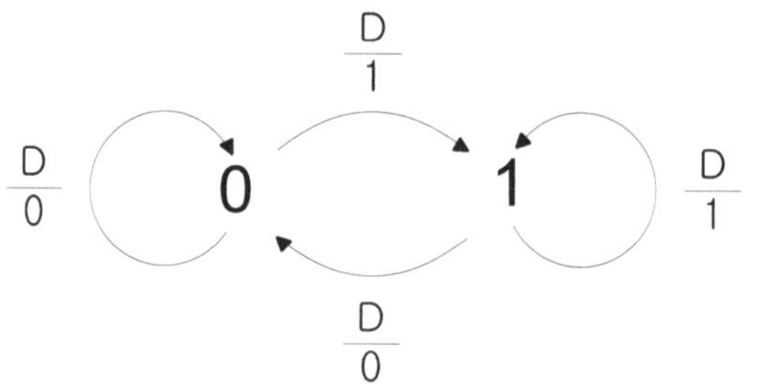

[그림 5.4] D 플립플롭의 동작특성

> ※ 여기표
> 현재상태와 다음상태를 알 때, 플립플롭에 어떤 입력을 넣어야하는가를 표로 나타낸 것으로 순차회로 설계 시 사용

(4) T 플립플롭

T 플립플롭은 JK 플립플롭의 입력 J,K을 하나로 묶어서 입력 T를 만든 플립플롭이다. 입력 T의 값이 0에서 0으로, 또는 1에서 1로 변할 경우, 다음상태(Q(t+1))가 변하지 않고, T의 값이 0에서 1로, 또는 1에서 0로 변할 경우 출력값이 반전되는 효과가 있다.

[표 5-4] T 플립플롭의 여기표

T	Q	Q(t+1)
0	0	0
0	1	1
1	0	1
1	1	0

특성방정식 : Q(t+1) = T/Q + /TQ

0 → 0(0) → 1(1) → 1(0) → 0(1)

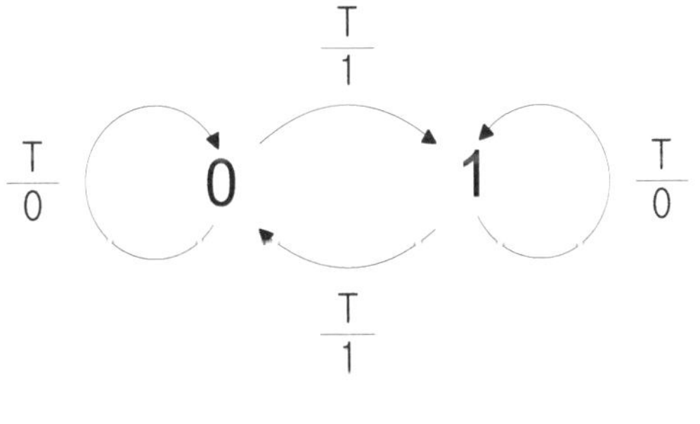

[그림 5.5] T 플립플롭의 동작특성

5.3 순차논리회로 설계방법

동기식 카운터는 미리 정해진 순서대로 계수하는 회로로 모든 플립플롭의 클럭 신호가 병렬로 연결되어 있어 한번의 클럭 펄스의 변화가 동시에 각 단을 동작시키므로 주로 카운터를 설계하는 데 사용하며 설계방법은 다음과 같다.

(1) 몇 진 카운터를 설계할 것인가를 결정하여 상태도를 만든다.
(2) 상태도의 수에 따른 플립플롭의 수를 결정하고, 각 상태에 플립플롭의 1의 상태를 할당하는 상태 할당을 수행한다.
(3) 상태 할당이 끝난 상태도는 표의 형태로 옮겨 적는 진리표를 작성한다.
(4) 진리표가 작성되면 어떤 플립플롭을 사용하여 설계할 것인가를 결정하고, 결정된 플립플롭의 특성에 따른 여기표를 작성한다.
(5) 작성된 여기표는 카르노맵 등을 이용하여 최소화를 수행한 부울식을 추출하고, 부울식에 따른 논리회로를 MAX+PLUSⅡ을 이용하여 회로도를 작성한다.
(6) 작성한 논리회로를 Waveform 에디터를 을 통해 검증해 본다.
(7) PLD 소자로 프로그래밍 하여 구현한다.

제 6 장

MAX+PLUS II를 이용한 순차논리회로 설계

실험 6.1 3비트 5진 동기식 카운터 설계

실험 6.2 3비트 8진 동기식 카운터 설계

실험 6.3 3비트 업다운 동기식 카운터 설계

실험 6.4 4비트 존슨 카운터 설계

실험 6.5 4비트 10진 카운터 설계

실험 6.6 4비트 16진 동기식 카운터 설계

실험 6.7 4비트 그레이 코드 카운터 설계

실험 6.8 4비트 업다운 카운터 설계

실험 6.9 자동판매기 설계

실험 6.1 3비트 5진 동기식 카운터 설계

카운터는 순차논리회로 중에서 가장 간단한 회로로 하나의 공통 클럭이 모든 플립플롭의 클럭에 연결되며 이 공통 클럭에 의해 모든 플립플롭이 동시에 동작한다. n비트의 2진 카운터는 n개의 플립플롭으로 구성되며 '0'에서 2^n-1까지 셀 수가 있다

이번 실습에서는 0에서 4까지 계수하는 3비트 5진 카운터를 3개의 플립플롭(D,JK,T F/F)을 사용하여 설계하고자 한다.

상태도(State Diagram)

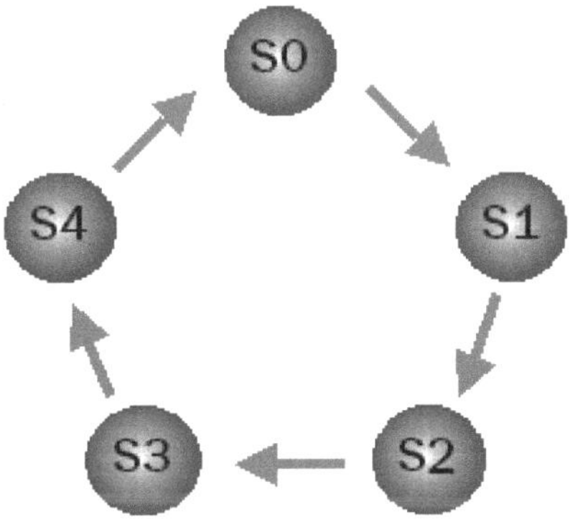

여기표

상태 할당	현재상태 A	B	C	다음상태 DA	DB	DC	JA	KA	JB	KB	JC	KC	TA	TB	TC
S0	0	0	0	0	0	1									
S1	0	0	1	0	1	0									
S2	0	1	0	0	1	1									
S3	0	1	1	1	0	0									
S4	1	0	0	0	0	0									
	1	0	1	X	X	X									
	1	1	0	X	X	X									
	1	1	1	X	X	X									

부울식 추출

① D F/F

$DA=$ $DB=$ $DC=$

② JK F/F

$JA=$ $KA=$

$JB=$ $KB=$

$JC=$ $KC=$

③ T F/F

$TA=$ $TB=$ $TC=$

논리 최소화

① D F/F

C \ AB	00	01	11	10
0				
1				

$DA=$

C \ AB	00	01	11	10
0				
1				

$DB=$

C \ AB	00	01	11	10
0				
1				

$DC=$

② JK F/F

C \ AB	00	01	11	10
0				
1				

$JA =$

C \ AB	00	01	11	10
0				
1				

$KA =$

C \ AB	00	01	11	10
0				
1				

$JB =$

C \ AB	00	01	11	10
0				
1				

$KB =$

C \ AB	00	01	11	10
0				
1				

$JC =$

C \ AB	00	01	11	10
0				
1				

$KC =$

③ T F/F

C \ AB	00	01	11	10
0				
1				

$TA =$

C \ AB	00	01	11	10
0				
1				

$TB =$

C \ AB	00	01	11	10
0				
1				

$TC =$

회로도(Schematics)

① D F/F

② JK F/F

③ T F/F

시뮬레이션(Simulation)

실험 6.2 3비트 8진 동기식 카운터 설계

동기식 카운터는 설계가 어려운 반면 정확하게 동작한다. 이번 실습에서는 숫자 '0'에서 '7'까지 계수하는 3비트 8진 카운터를 3개의 플립플롭(D,JK,T F/F)을 사용하여 설계하고자 한다.

상태도(State Diagram)

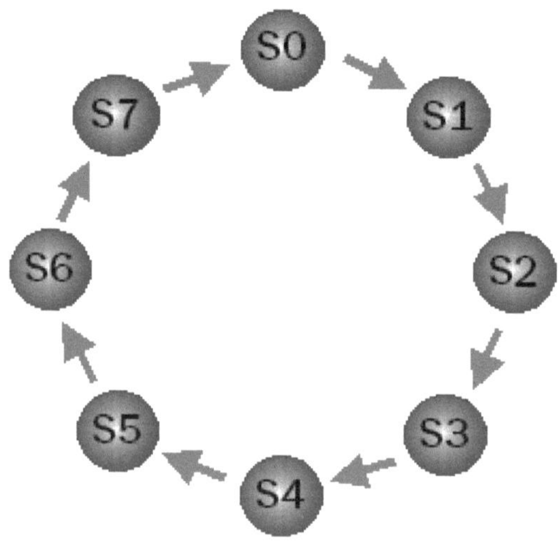

여기표

상태 할당	현재상태			다음상태				
	A	B	C	DA DB DC	JA KA	JB KB	JC KC	TA TB TC
S0	0	0	0					
S1	0	0	1					
S2	0	1	0					
S3	0	1	1					
S4	1	0	0					
S5	1	0	1					
S6	1	1	0					
S7	1	1	1					

부울식 추출

① D F/F

$DA=$ $DB=$ $DC=$

② JK F/F

$JA=$ $KA=$

$JB=$ $KB=$

$JC=$ $KC=$

③ T F/F

$TA=$ $TB=$ $TC=$

논리 최소화

① D F/F

C \ AB	00	01	11	10
0				
1				

$DA=$

C \ AB	00	01	11	10
0				
1				

$DB=$

C \ AB	00	01	11	10
0				
1				

$DC=$

② JK F/F

C \ AB	00	01	11	10
0				
1				

$JA =$

C \ AB	00	01	11	10
0				
1				

$KA =$

C \ AB	00	01	11	10
0				
1				

$JB =$

C \ AB	00	01	11	10
0				
1				

$KB =$

C \ AB	00	01	11	10
0				
1				

$JC =$

C \ AB	00	01	11	10
0				
1				

$KC =$

③ T F/F

C \ AB	00	01	11	10
0				
1				

$TA =$

C \ AB	00	01	11	10
0				
1				

$TB =$

C \ AB	00	01	11	10
0				
1				

$TC =$

회로도(Schematics)

① D F/F

② JK F/F

③ T F/F

시뮬레이션(Simulation)

실험 6.3 3비트 업다운 동기식 카운터 설계

3비트 업다운(UP/DN) 카운터는 시계방향으로 증가하거나 또는 감소하는 순서로 계수하는 카운터이다. 3비트 업다운 카운터가 시계방향으로 증가 또는 반시계 방향으로 감소하는 계수 순서를 결정하기 위해서는 UD라는 제어 입력이 필요하다. 이번 실습에서는 입력 UD=1이면 시계방향으로 증가하고 UD=0이면 반시계방향으로 이동하는 3비트 UP/DN 카운터를 설계하고자 한다.

상태도(State Diagram)

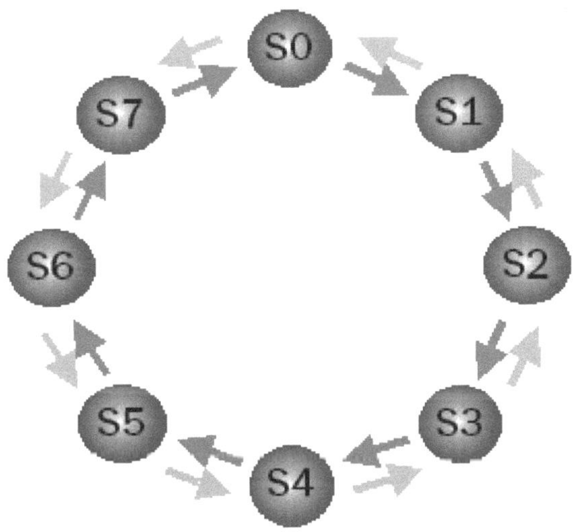

여기표

상태 할당	현재상태				다음상태				
	A	B	C	UD	DA DB DC	JA KA	JB KB	JC KC	TA TB TC
S0	0	0	0	0					
	0	0	0	1					
S1	0	0	1	0					
	0	0	1	1					
S2	0	1	0	0					
	0	1	0	1					
S3	0	1	1	0					
	0	1	1	1					
S4	1	0	0	0					
	1	0	0	1					
S5	1	0	1	0					
	1	0	1	1					
S6	1	1	0	0					
	1	1	0	1					
S7	1	1	1	0					
	1	1	1	1					

부울식 추출

① D F/F

$DA=$ $DB=$ $DC=$

② JK F/F

$JA=$ $KA=$

$JB=$ $KB=$

$JC=$ $KC=$

③ T F/F

$TA=$ $TB=$ $TC=$

논리 최소화

① D F/F

CUD \ AB	00	01	11	10
00				
01				
11				
10				

$DA=$

CUD \ AB	00	01	11	10
00				
01				
11				
10				

$DB=$

CUD \ AB	00	01	11	10
00				
01				
11				
10				

$DC=$

② JK F/F

CUD \ AB	00	01	11	10
00				
01				
11				
10				

$JA=$

CUD \ AB	00	01	11	10
00				
01				
11				
10				

$KA=$

CUD \ AB	00	01	11	10
00				
01				
11				
10				

$JB=$

CUD \ AB	00	01	11	10
00				
01				
11				
10				

$KB=$

CUD \ AB	00	01	11	10
00				
01				
11				
10				

$JC=$

CUD \ AB	00	01	11	10
00				
01				
11				
10				

$KC=$

③ T F/F

CUD \ AB	00	01	11	10
00				
01				
11				
10				

$TA=$

CUD \ AB	00	01	11	10
00				
01				
11				
10				

$TB=$

CUD \ AB	00	01	11	10
00				
01				
11				
10				

$TC=$

회로도(Schematics)

① D F/F

② JK F/F

③ T F/F

시뮬레이션(Simulation)

실험 6.4 4비트 존슨 카운터 설계

시프트레지스터는 여러 가지 형태의 카운터를 구성하며 모든 시프트레지스터는 피드백을 이용한다. 즉, 시프트레지스트에서 마지막 플립플롭의 출력의 보수가 첫 번째 플립플롭에 연결된다. 그리고 가장 널리 이용되는 시프트레지스터 카운터는 링카운터와 존슨카운터이다. (Don't Care를 고려하여 설계)

상태도(State Diagram)

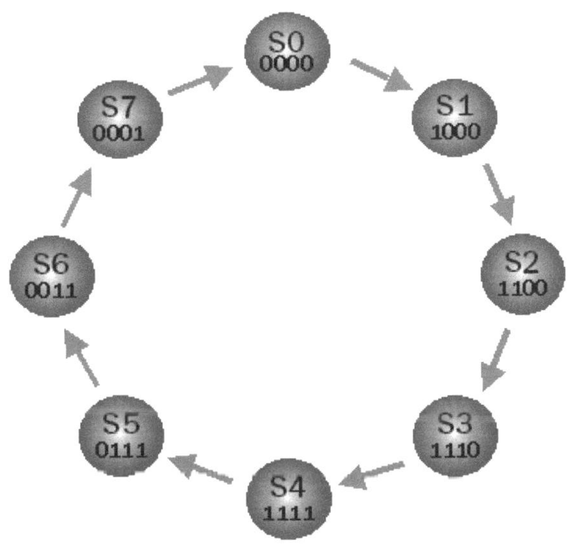

여기표

상태 할당	현재상태				다 음 상 태					
	A	B	C	D	DA DB DC DD	JA KA	JB KB	JC KC	JD KD	TA TB TC TD
S0	0	0	0	0						
S7	0	0	0	1						
	0	0	1	0						
S6	0	0	1	1						
	0	1	0	0						
	0	1	0	1						
	0	1	1	0						
S5	0	1	1	1						
S1	1	0	0	0						
	1	0	0	1						
	1	0	1	0						
	1	0	1	1						
S2	1	1	0	0						
	1	1	0	1						
S3	1	1	1	0						
S4	1	1	1	1						

부울식 추출

① D F/F

$DA=$ $DB=$

$DC=$ $DD=$

② JK F/F

$JA=$ $KA=$

$JB=$ $KB=$

$JC=$ $KC=$

$JD=$ $KD=$

③ T F/F

$TA=$ $TB=$

$TC=$ $TD=$

논리 최소화

① D F/F

CD \ AB	00	01	11	10
00				
01				
11				
10				

$DA=$

CD \ AB	00	01	11	10
00				
01				
11				
10				

$DB=$

CD \ AB	00	01	11	10
00				
01				
11				
10				

$DC=$

CD \ AB	00	01	11	10
00				
01				
11				
10				

$DD=$

② JK F/F

CD \ AB	00	01	11	10
00				
01				
11				
10				

$JA=$

CD \ AB	00	01	11	10
00				
01				
11				
10				

$KA=$

CD \ AB	00	01	11	10
00				
01				
11				
10				

$JB=$

CD \ AB	00	01	11	10
00				
01				
11				
10				

$KB=$

CD \ AB	00	01	11	10
00				
01				
11				
10				

$JC=$

CD \ AB	00	01	11	10
00				
01				
11				
10				

$KC=$

CD \ AB	00	01	11	10
00				
01				
11				
10				

$JD =$

CD \ AB	00	01	11	10
00				
01				
11				
10				

$KD =$

③ T F/F

CD \ AB	00	01	11	10
00				
01				
11				
10				

$TA =$

CD \ AB	00	01	11	10
00				
01				
11				
10				

$TB =$

CD \ AB	00	01	11	10
00				
01				
11				
10				

$TC =$

CD \ AB	00	01	11	10
00				
01				
11				
10				

$TD =$

회로도(Schematics)

① D F/F

② JK F/F

③ T F/F

시뮬레이션(Simulation)

실험 6.5 4비트 10진 카운터 설계

4비트 10진 카운터는 숫자 '0'에서 '9'까지 계수하는 카운터로 이를 설계하기 위해서는 동작특성에 따른 여기표를 작성하여야 한다. 이번 실습에서는 4개의 플립플롭(D,JK,T F/F)을 사용하여 카운터를 설계하고자 한다.

상태도(State Diagram)

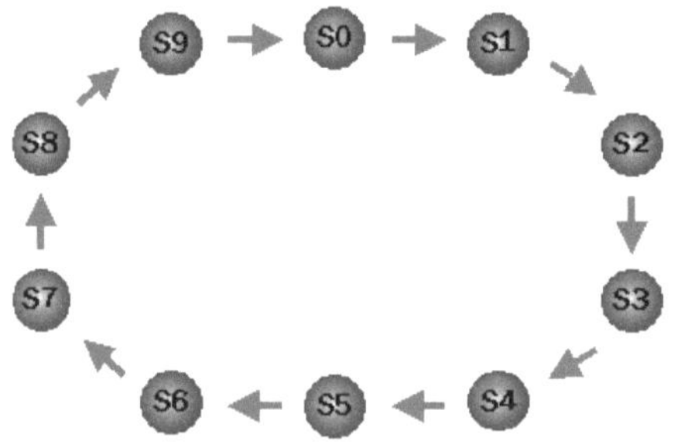

여기표

상태 할당	현재상태				다 음 상 태					
	A	B	C	D	DA DB DC DD	JA KA	JB KB	JC KC	JD KD	TA TB TC TD
S0	0	0	0	0						
S1	0	0	0	1						
S2	0	0	1	1						
S3	0	0	1	0						
S4	0	1	1	0						
S5	0	1	1	1						
S6	0	1	0	1						
S7	0	1	0	0						
S8	1	1	0	0						
S9	1	1	0	1						
S10	1	1	1	1						
S11	1	1	1	0						
S12	1	0	1	0						
S13	1	0	1	1						
S14	1	0	0	1						
S15	1	0	0	0						

부울식 추출

① D F/F

$D_A =$ $D_B =$

$D_C =$ $D_D =$

② JK F/F

$J_A =$ $K_A =$

$J_B =$ $K_B =$

$J_C =$ $K_C =$

$J_D =$ $K_D =$

③ T F/F

$T_A =$ $T_B =$

$T_C =$ $T_D =$

논리 최소화

① D F/F

CD \ AB	00	01	11	10
00				
01				
11				
10				

$D_A =$

CD \ AB	00	01	11	10
00				
01				
11				
10				

$D_B =$

CD \ AB	00	01	11	10
00				
01				
11				
10				

$D_C =$

CD \ AB	00	01	11	10
00				
01				
11				
10				

$D_D =$

② JK F/F

CD \ AB	00	01	11	10
00				
01				
11				
10				

$J_A =$

CD \ AB	00	01	11	10
00				
01				
11				
10				

$K_A =$

CD \ AB	00	01	11	10
00				
01				
11				
10				

$J_B =$

CD \ AB	00	01	11	10
00				
01				
11				
10				

$K_B =$

CD \ AB	00	01	11	10
00				
01				
11				
10				

$J_C =$

CD \ AB	00	01	11	10
00				
01				
11				
10				

$K_C =$

CD \ AB	00	01	11	10
00				
01				
11				
10				

$J_D =$

CD \ AB	00	01	11	10
00				
01				
11				
10				

$K_D =$

③ T F/F

CD \ AB	00	01	11	10
00				
01				
11				
10				

$T_A =$

CD \ AB	00	01	11	10
00				
01				
11				
10				

$T_B =$

CD \ AB	00	01	11	10
00				
01				
11				
10				

$T_C =$

CD \ AB	00	01	11	10
00				
01				
11				
10				

$T_D =$

회로도(Schematics)

① D F/F

② JK F/F

③ T F/F

시뮬레이션(Simulation)

① D F/F

② JK F/F

③ T F/F

실험 6.6 4비트 16진 동기식 카운터 설계

4비트 동기식 카운터는 숫자 '0'에서 '16'까지 계수하는 카운터로 이를 설계하기 위해서는 동작특성에 따른 여기표를 작성하여야 한다. 이번 실습에서는 4개의 플립플롭(D,JK,T F/F)을 사용하여 카운터를 설계하고자 한다.

상태도(State Diagram)

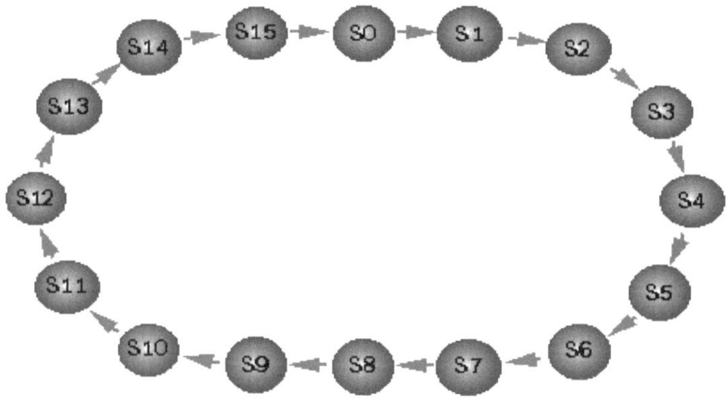

여기표

상태	현재상태				다음 상태					
할당	A	B	C	D	DA DB DC DD	JA KA	JB KB	JC KC	JD KD	TA TB TC TD
S0	0	0	0	0						
S1	0	0	0	1						
S2	0	0	1	0						
S3	0	0	1	1						
S4	0	1	0	0						
S5	0	1	0	1						
S6	0	1	1	0						
S7	0	1	1	1						
S8	1	0	0	0						
S9	1	0	0	1						
S10	1	0	1	0						
S11	1	0	1	1						
S12	1	1	0	0						
S13	1	1	0	1						
S14	1	1	1	0						
S15	1	1	1	1						

부울식 추출

① D F/F

$DA=$ $DB=$

$DC=$ $DD=$

② JK F/F

$JA=$ $KA=$

$JB=$ $KB=$

$JC=$ $KC=$

$JD=$ $KD=$

③ T F/F

$TA=$ $TB=$

$TC=$ $TD=$

논리 최소화

① D F/F

CD \ AB	00	01	11	10
00				
01				
11				
10				

$DA=$

CD \ AB	00	01	11	10
00				
01				
11				
10				

$DB=$

CD \ AB	00	01	11	10
00				
01				
11				
10				

$DC=$

CD \ AB	00	01	11	10
00				
01				
11				
10				

$DD=$

② JK F/F

CD \ AB	00	01	11	10
00				
01				
11				
10				

$JA=$

CD \ AB	00	01	11	10
00				
01				
11				
10				

$KA=$

CD \ AB	00	01	11	10
00				
01				
11				
10				

$JB=$

CD \ AB	00	01	11	10
00				
01				
11				
10				

$KB=$

CD \ AB	00	01	11	10
00				
01				
11				
10				

$JC=$

CD \ AB	00	01	11	10
00				
01				
11				
10				

$KC=$

CD \ AB	00	01	11	10
00				
01				
11				
10				

$JD=$

CD \ AB	00	01	11	10
00				
01				
11				
10				

$KD=$

③ T F/F

CD \ AB	00	01	11	10
00				
01				
11				
10				

$TA=$

CD \ AB	00	01	11	10
00				
01				
11				
10				

$TB=$

CD \ AB	00	01	11	10
00				
01				
11				
10				

$TC=$

CD \ AB	00	01	11	10
00				
01				
11				
10				

$TD=$

회로도(Schematics)

① D F/F

② JK F/F

③ T F/F

시뮬레이션(Simulation)

① D F/F

② JK F/F

③ T F/F

실험 6.7 4비트 그레이 코드 카운터 설계

그레이 코드는 가중치가 없는 코드로 연산에는 부적당하다. 뿐만아니라, 표준 2진수 체계에서는 한번에 하나이상의 비트를 변화 시키는데 반해 그레이 코드 한번에 하나의 비트만 변화 시킨다. 이번 실습에서는 4비트 그레이코드 카운터를 4개의 플립플롭(D,JK,T F/F)을 사용하여 설계하고자 한다.

상태도(State Diagram)

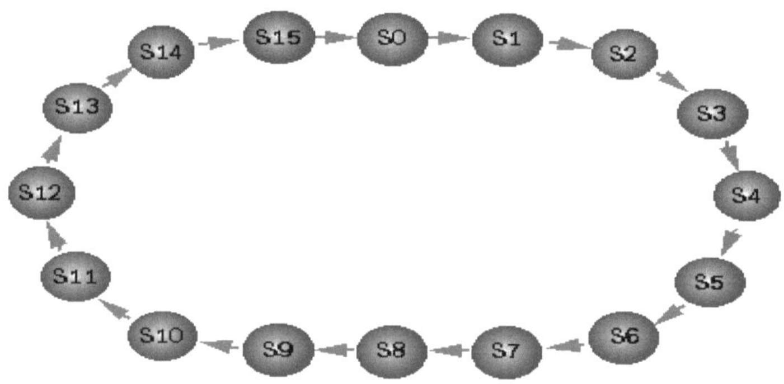

여기표

상태	현재상태				다 음 상 태					
할당	A	B	C	D	DA DB DC DD	JA	JB	JC	JD	TA TB TC TD
S0	0	0	0	0						
S1	0	0	0	1						
S2	0	0	1	1						
S3	0	0	1	0						
S4	0	1	1	0						
S5	0	1	1	1						
S6	0	1	0	1						
S7	0	1	0	0						
S8	1	1	0	0						
S9	1	1	0	1						
S10	1	1	1	1						
S11	1	1	1	0						
S12	1	0	1	0						
S13	1	0	1	1						
S14	1	0	0	1						
S15	1	0	0	0						

부울식 추출

① D F/F

$DA=$ $DB=$

$DC=$ $DD=$

② JK F/F

$JA=$ $KA=$

$JB=$ $KB=$

$JC=$ $KC=$

$JD=$ $KD=$

③ T F/F

$TA=$ $TB=$

$TC=$ $TD=$

논리 최소화

① D F/F

CD \ AB	00	01	11	10
00				
01				
11				
10				

$DA=$

CD \ AB	00	01	11	10
00				
01				
11				
10				

$DB=$

CD \ AB	00	01	11	10
00				
01				
11				
10				

$DC=$

CD \ AB	00	01	11	10
00				
01				
11				
10				

$DD=$

② JK F/F

CD \ AB	00	01	11	10
00				
01				
11				
10				

$JA=$

CD \ AB	00	01	11	10
00				
01				
11				
10				

$KA=$

CD \ AB	00	01	11	10
00				
01				
11				
10				

$JB=$

CD \ AB	00	01	11	10
00				
01				
11				
10				

$KB=$

CD \ AB	00	01	11	10
00				
01				
11				
10				

$JC=$

CD \ AB	00	01	11	10
00				
01				
11				
10				

$KC=$

CD \ AB	00	01	11	10
00				
01				
11				
10				

$JD=$

CD \ AB	00	01	11	10
00				
01				
11				
10				

$KD=$

③ T F/F

CD \ AB	00	01	11	10
00				
01				
11				
10				

$TA=$

CD \ AB	00	01	11	10
00				
01				
11				
10				

$TB=$

CD \ AB	00	01	11	10
00				
01				
11				
10				

$TC=$

CD \ AB	00	01	11	10
00				
01				
11				
10				

$TD=$

회로도(Schematics)

① D F/F

② JK F/F

③ T F/F

시뮬레이션(Simulation)

① D F/F

② JK F/F

③ T F/F

실험 6.8 4Bit UP/DOWN 카운터 설계

4비트 업다운(UP/DN) 카운터는 숫자를 시계방향으로 증가하도록 계수하거나 또는 반시계방향으로 감소하도록 계수하는 카운터이다. 4비트 업다운 카운터가 시계방향으로 증가 또는 반시계방향으로 감소하도록 하기 위해서는 계수 순서를 결정하기 위해서는 UD라는 입력이 필요하다. 이번 실습에서는 입력 UD=1이면 시계방향으로 증가하고 UD=0이면 반시계방향으로 이동하는 4비트UP/DN 카운터를 설계하고자 한다.

상태도(State Diagram)

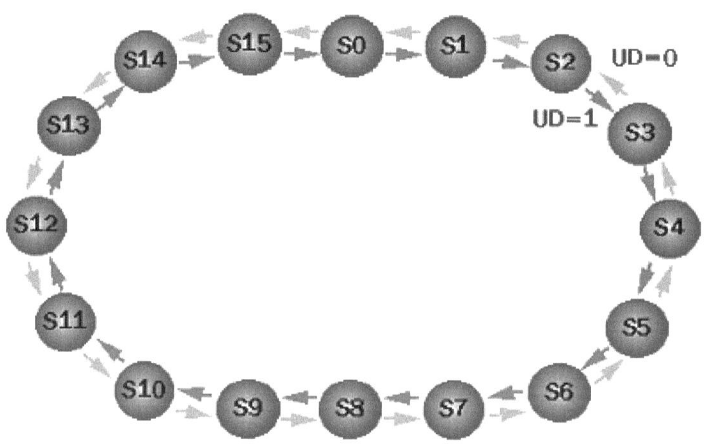

여기표

상태 할당	현재상태					다 음 상 태															
	A	B	C	D	UD	DA	DB	DC	DD	JA	KA	JB	KB	JC	KC	JD	KD	TA	TB	TC	TD
S0	0	0	0	0	0																
	0	0	0	0	1																
S1	0	0	0	1	0																
	0	0	0	1	1																
S2	0	0	1	0	0																
	0	0	1	0	1																
S3	0	0	1	1	0																
	0	0	1	1	1																
S4	0	1	0	0	0																
	0	1	0	0	1																
S5	0	1	0	1	0																
	0	1	0	1	1																
S6	0	1	1	0	0																
	0	1	1	0	1																
S7	0	1	1	1	0																
	0	1	1	1	1																
S8	1	0	0	0	0																
	1	0	0	0	1																
S9	1	0	0	1	0																
	1	0	0	1	1																
S10	1	0	1	0	0																
	1	0	1	0	1																
S11	1	0	1	1	0																
	1	0	1	1	1																
S12	1	1	0	0	0																
	1	1	0	0	1																
S13	1	1	0	1	0																
	1	1	0	1	1																
S14	1	1	1	0	0																
	1	1	1	0	1																
S15	1	1	1	1	0																
	1	1	1	1	1																

부울식 추출

① D F/F

$D_A =$

$D_B =$

$D_C =$

$D_D =$

② JK F/F

$J_A =$

$J_B =$

$J_C =$

$J_D =$

$K_A =$

$K_B =$

$K_C =$

$K_D =$

③ T F/F

$T_A =$

$T_B =$

$T_C =$

$T_D =$

논리 최소화

① D F/F

DUD \ ABC	000	001	011	010	110	111	101	100
00								
01								
11								
10								

$D_A =$

DUD \ ABC	000	001	011	010	110	111	101	100
00								
01								
11								
10								

$D_B =$

DUD \ ABC	000	001	011	010	110	111	101	100
00								
01								
11								
10								

$D_C =$

DUD \ ABC	000	001	011	010	110	111	101	100
00								
01								
11								
10								

$D_D =$

② JK F/F

ABC \ DUD	000	001	011	010	110	111	101	100
00								
01								
11								
10								

$J_A =$

ABC \ DUD	000	001	011	010	110	111	101	100
00								
01								
11								
10								

$K_A =$

ABC \ DUD	000	001	011	010	110	111	101	100
00								
01								
11								
10								

$J_B =$

ABC \ DUD	000	001	011	010	110	111	101	100
00								
01								
11								
10								

$K_B =$

DUD \ ABC	000	001	011	010	110	111	101	100
00								
01								
11								
10								

$J_C =$

DUD \ ABC	000	001	011	010	110	111	101	100
00								
01								
11								
10								

$K_C =$

DUD \ ABC	000	001	011	010	110	111	101	100
00								
01								
11								
10								

$J_D =$

DUD \ ABC	000	001	011	010	110	111	101	100
00								
01								
11								
10								

$K_D =$

③ T F/F

ABC / DUD	000	001	011	010	110	111	101	100
00								
01								
11								
10								

$T_A =$

ABC / DUD	000	001	011	010	110	111	101	100
00								
01								
11								
10								

$T_B =$

ABC / DUD	000	001	011	010	110	111	101	100
00								
01								
11								
10								

$T_C =$

ABC / DUD	000	001	011	010	110	111	101	100
00								
01								
11								
10								

$T_D =$

회로도(Schematics)

① D F/F

② JK F/F

③ T F/F

시뮬레이션(Simulation)

① D F/F

② JK F/F

③ T F/F

실험 6.9 자동판매기(Vending Machine) 설계

자동판매기의 동작특성은 입력으로 코인 5센트와10센트가 들어와서 총액이 15센트가 되면 자동판매기가 열려서 동작하도록 되어 있다. 이번 실습에서는 3개의 플립플롭(D,JK,T F/F)을 사용하여 자동판매기 제어기를 설계하고자 한다.

심볼(Symbol)

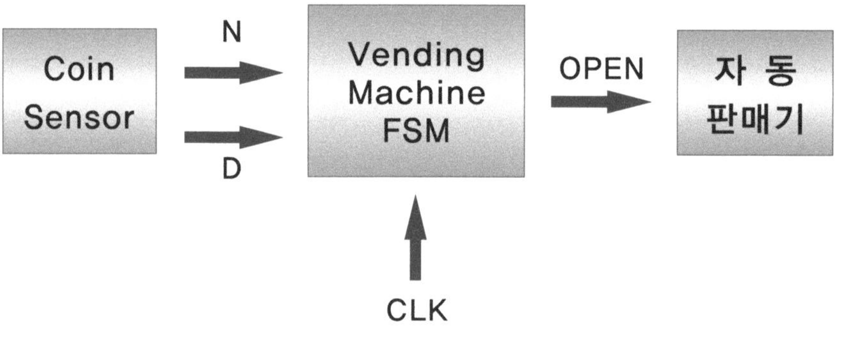

상태도(State Diagram)

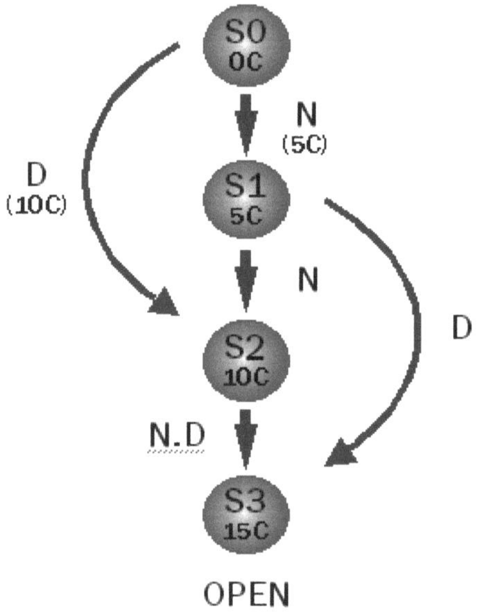

여기표

상태 할당	현재상태		현재입력		다음상태				
	A	B	D	N	DA DB OPEN	JA KA	JB KB	OPEN	TA TB OPEN
S0 (00)	0	0	0	0					
	0	0	0	1					
	0	0	1	0					
	0	0	1	1					
S1 (01)	0	1	0	0					
	0	1	0	1					
	0	1	1	0					
	0	1	1	1					
S2 (10)	1	0	0	0					
	1	0	0	1					
	1	0	1	0					
	1	0	1	1					
S3 (11)	1	1	0	0					
	1	1	0	1					
	1	1	1	0					
	1	1	1	1					

부울식 추출

① D F/F

$DA =$

$DB =$

$OPEN =$

② JK F/F

$JA=$ $KA=$

$JB=$ $KB=$

$OPEN=$

③ T F/F

$TA=$

$TB=$

$OPEN=$

논리 최소화

① D F/F

DN \ AB	00	01	11	10
00				
01				
11				
10				

$DA=$

DN \ AB	00	01	11	10
00				
01				
11				
10				

$DB=$

DN \ AB	00	01	11	10
00				
01				
11				
10				

$OPEN=$

② JK F/F

AB / DN	00	01	11	10
00				
01				
11				
10				

$JA =$

AB / DN	00	01	11	10
00				
01				
11				
10				

$KA =$

AB / DN	00	01	11	10
00				
01				
11				
10				

$JB =$

AB / DN	00	01	11	10
00				
01				
11				
10				

$KB =$

AB / DN	00	01	11	10
00				
01				
11				
10				

$OPEN =$

③ T F/F

DN \ AB	00	01	11	10
00				
01				
11				
10				

$TA =$

DN \ AB	00	01	11	10
00				
01				
11				
10				

$TB =$

DN \ AB	00	01	11	10
00				
01				
11				
10				

$OPEN =$

회로도(Schematics)

① D F/F

② JK F/F

③ T F/F

시뮬레이션(Simulation)

① D F/F

② JK F/F

③ T F/F

[저자약력]

변 상 준
대덕대학교 컴퓨터전자과 교수

이 명 길
대덕대학교 컴퓨터공학과 교수

김 윤 호
목원대학교 융합컴퓨터미디어학부 교수

조 남 형
충북보건과학대학교 반도체전자과 교수

저자와의
협의하에
인지생략

MAX + PLUS II 를 이용한 논리회로 설계실습

2016년 2월 26일 1판 1쇄 인쇄
2023년 3월 7일 1판 2쇄 발행

저 자 • **변상준 · 이명길 · 김윤호 · 조남형**
발행자 • **이영애**
발행처 • **공감북스**
주 소 • **02011 서울시 중랑구 중랑천로 256**
전 화 • **02-971-9683**
팩 스 • **02-972-9683**
등 록 • **제 25100-2015-18 호**
등록일 • **2015년 7월 15일**
e-mail • **sympathybook@naver.com**
ISBN • **979-11-86898-08-6 (93560)**

정 가 • **15,000원**